FÜHRUNGSCOACHING TO GO

Maren Lehky

FÜHRUNGS COACHING *to go*

Schnelle Antworten auf konkrete Fragen im Alltag

Campus Verlag
Frankfurt/New York

MIX
Papier aus verantwortungsvollen Quellen
FSC® C089473
www.fsc.org

Klimaneutral
Papier
ClimatePartner.com/13732-1910-1001

ISBN 978-3-593-51615-8 Print
ISBN 978-3-593-45253-1 E-Book (PDF)
ISBN 978-3-593-45252-4 E-Book (EPUB)

Umschlaggestaltung: *zeichenpool, München
Coverfoto: © Burgis Wehry
Satz: DeinSatz Marburg UG | tn
Gesetzt aus der Minion, der DIN Next LT Pro und der Mistral
Druck und Bindung: Beltz Grafische Betriebe GmbH, Bad Langensalza
Beltz Grafische Betriebe ist ein klimaneutrales Unternehmen (ID 15985-2104-1001).
Printed in Germany

www.campus.de

Inhalt

TEIL 3: KOMMUNIKATIONSWERKZEUGE FÜR VERSCHIEDENE (FÜHRUNGS-)SITUATIONEN

TEIL 4: DIE EIGENE PERFORMANCE UND DEN PERSÖNLICHEN ERFOLG STEIGERN

Vorwort

Liebe Leserin, lieber Leser,
Sie suchen schnelle Antworten auf konkrete Fragen im Führungsalltag? Dann sind Sie hier genau richtig. Die Idee des Buches ist es, allen Führungskräften eine schnelle Unterstützung mit auf den Weg zu geben. Wir leben in Zeiten, in denen alles eng getaktet ist, unser Kalender, unser Leben. So haben wir oft nicht die Zeit, uns einen Coach zu suchen, ihn kennen zu lernen und mit unseren Themen loszulegen. Meist stellen sich die Fragen ad hoc und dann braucht man zack, zack eine Antwort, jetzt und sofort.

Darüber hinaus hat uns das Internet umerzogen und den Charme kurzer Texte herausgestellt, wenn man es positiv darstellen möchte. Daher finden Sie in diesem Buch alles »to go«, in sehr kompakter Form und sehr reduziert auf das, was Sie genau jetzt schnell wissen wollen, weil die Situation, die Sie lösen müssen, vielleicht schon im Raum steht.

Die Themen sind angelehnt an meinen Podcast *Leadership Coaching*, den ich im Jahr 2020 zu Beginn der Pandemie startete, um mit meinen Klienten, die mich plötzlich nicht mehr besuchen konnten, im Kontakt zu bleiben und ihnen hilfreiche Werkzeuge und Antworten zur Verfügung zu stellen. Im Podcast sind meine Ironie und das Lächeln stimmlich zu hören, zwischen den Buchstaben müssen Sie das Augenzwinkern jetzt bitte herauslesen.

Die Inhalte drehen sich um alles, was Sie als Führungskraft herausfordert. In der Reihenfolge starten wir mit Ihnen selbst, denn nur wenn Sie stabil und gut sortiert sind und sich gut einschätzen können, haben Sie das Fundament, sich um andere zu kümmern. Wir schauen auf bestimmte, herausfordernde Führungssituationen, dann auf konkrete Kommunikationswerkzeuge und zum Schluss auf Ihre eigene Performance und wie Sie sie gut unterfüttern und sich darstellen können. Alle Kapitel sind unabhängig voneinander, insofern gibt es keine Reihenfolge für die Lektüre, sondern Sie sind völlig frei, einfach nur Ihre Antwort auf die im Moment drängende Frage zu suchen.

Ich wünsche Ihnen beim Lesen gute Erkenntnisse, Aha-Momente und Werkzeuge, die Ihnen helfen, sich selbst zu helfen. Viel Erfolg bei der Umsetzung und für Ihren weiteren Weg als Führungskraft. Sollten Sie über das Buch hinaus noch einen Coach für Ihre persönliche Gemengelage benötigen, dann wissen Sie ja jetzt, wo Sie mich finden.

Maren Lehky

PS: Der obligatorische Hinweis: Zur besseren Lesbarkeit wird auf Gender-Sternchen verzichtet. Wo immer es noch geschmeidig abzubilden ging, sind Frauen und Männer getrennt erwähnt, ansonsten gilt: Natürlich sind jeweils Frauen und Männer gemeint, in allen Rollen.

SELBSTREFLEXION UND SELBSTMANAGEMENT

Teil 1

Kapitel 1

Wer sind Sie und wenn ja, wie viele? Das Modell der inneren Antreiber

So oft im Leben sind wir an einem Punkt, wo wir merken, dass wir nicht weiterkommen, wenn wir einfach weitermachen wie bisher. Oder wir fragen uns, warum wir eigentlich so agieren, wo wir doch genau wissen, dass es nicht gut für uns ist. Oder wir befinden uns in einer Transformationsphase von einem Lebensabschnitt in den nächsten und werden von unseren inneren Stimmen regiert – nur sinnbildlich, hoffentlich. Transformation und Veränderung sind in unserem eigenen Leben leider nicht immer so schmerzlos und einfach wie das Abstreifen einer alten Schlangenhaut. Aber im Grunde passiert dabei etwas Ähnliches: Wie die Schlange wollen wir etwas loswerden, was nicht mehr zu uns passt. Wir stellen fest, dass das Verhalten, das uns bis hierher gebracht hat, sehr gut und sinnvoll war, nun aber einfach nicht mehr passt. Oder wir wollen unser Verhalten ändern, weil wir merken, dass wir uns damit nur selbst schaden, aber es gelingt uns nicht. Beides können wir sehr oft im Coaching beobachten.

> Transformation und Veränderung sind in unserem eigenen Leben leider nicht immer so schmerzlos und einfach wie das Abstreifen einer alten Schlangenhaut.

Was uns dabei behindert und manchmal stärker ist, sind die sogenannten »inneren Antreiber«. Sie beruhen auf dem Modell der Transaktionsanalyse, die klassischerweise fünf verschiedene innere Antreiber unterscheidet. Ich werde sie gleich im Überblick erklären und ausführlich darauf eingehen, was sie für Sie bedeuten – welche Stärken sich damit verbinden, aber eben auch welche Nebenwirkungen. Ganz allgemein kann man sich vorstellen, dass innere Antreiber so etwas sind wie Glaubenssätze, mit denen wir aufgewachsen sind. Es sind biografische Prägungen durch das Elternhaus, durch Lehrer, Trainer und Großeltern, die uns gesagt haben: »Wenn du das und das tust und so und so bist, dann bist du gut und okay für uns.« Als Kind tun wir viel dafür, möglichst im sicheren Bereich zu sein und geschätzt und geliebt zu werden. Wir verhalten uns daher genauso, wie es – mehr oder weniger ausgesprochen – von uns erwartet wird.

Das Modell ist sehr spannend, weil wir in dem Moment, wo wir es verstanden haben, auch eine realistische Chance bekommen, ein bisschen davon aufzulösen. Wir können dann noch mal anders auf uns selbst schauen und zumindest erkennen, wo unsere Thematik herkommt, um dann gezielt daran zu arbeiten. Die fünf Antreiber lauten wie folgt:

1. »Sei perfekt!«,
2. »Sei stark!«,
3. »Sei gefällig!«,
4. »Streng dich an!«,
5. »Beeil dich!«.

Alle sind auf ihre Art fordernd und anstrengend.

Jeder von uns hat mehrere Antreiber, die eine Rolle spielen und uns prägen, aber meistens gibt ein Antreiber die Richtung vor und ist sozusagen der innere Anführer. Je stärker dieser Glaubenssatz, dieser innere Antreiber, ausgeprägt ist, umso schwerer ist er natürlich abzustellen und umso deutlicher ist er auch von außen zu erkennen.

Diese Glaubenssätze kommen, wie gesagt, aus der Kindheit. Da war es schlau, sie zu verinnerlichen und danach zu handeln. Wenn man beispielsweise festgestellt hat, dass es Pluspunkte für eine Gefälligkeit gibt, dann ist man möglichst immer gefällig und artig. Doch alles hat seinen Preis, auch jeder dieser fünf Antreiber. Gleichzeitig liegt in jedem Antreiber eine Stärke, die wir dann gut trainiert haben, sozusagen aus der Not heraus. Und diese Stärken begleiten uns in unserem »Stärken-Koffer« natürlich auch das ganze Leben.

Schauen wir uns die einzelnen Antreiber genauer an und Sie können einmal für sich prüfen: Wo verorten Sie sich? Vielleicht erkennen Sie bereits Hinweise auf die Prägung Ihres Antreibers. Vielleicht kommen Ihnen bei den einzelnen Antreibern auch andere Personen in den Sinn, Mitarbeitende im Team oder auch Ihre Partner, Freunde oder Familienangehörige.

Der erste Antreiber: »Sei perfekt!«

Menschen, die diesen Glaubenssatz verfolgen, sind sehr genau. Sie sind häufig fehlerfrei in dem, was sie tun. Und sie machen sich diesen Perfektionismus in jeder Lebenslage zu eigen. Ob sie also die beste Gastgeberin sind oder der beste Vater oder der beste Vorsitzende im Verein. Perfekt ist der Vorsitzende eines Tennisvereins oder die perfekte Managerin, die alles richtig macht, immer sehr detailliert vorbereitet ist, an alles gedacht hat und dabei auch noch aussieht, wie aus dem Ei gepellt. Die Frisur sitzt, die Präsentation ist super und im Kontext einer Situation wird alles in Richtung Perfektion weiter geschliffen. Meistens sind diese Menschen sehr erfolgreich, auch beruflich natürlich, aber es ist anstrengend, weil sich dieser Glaubenssatz tatsächlich durch alle Lebensbereiche zieht. Menschen, die diesen Antreiber haben, fällt es sehr schwer, sich davon mal zu lösen und zum Beispiel zu sagen: »Egal, wir bekommen heute Abend Besuch. Ich habe nichts vorbereitet und den Tisch auch nicht gedeckt. Wir schauen einfach mal, was der Kühlschrank hergibt.« Das ist nicht denkbar für einen Perfektionisten. Es wäre für ihn oder sie ein Krisenszenario. Insofern ist das eine sehr kraftzehrende Geschichte.

Der zweite Antreiber: »Sei stark!«

Dieser Antreiber ist nicht minder anstrengend, aber ganz anders als der erste. Er lautet »Sei stark!« und bringt häufig Menschen hervor, die sehr unabhängig sind, weil sie Folgendes gelernt haben: »Ich muss mich selbst drum kümmern, es kümmert sich kein anderer, es rettet mich auch keiner. Ich muss belastbar sein.« Darin liegt natürlich auch eine Stärke, die als Eigenschaft hilfreich sein kann. Häufig ist sie gepaart mit einer großen Belastbarkeit bis zur Grenze oder manchmal darüber hinaus. Einen Menschen, der »Sei stark!« als Antreiber hat, wirft so schnell nichts um. Die Schattenseite ist jedoch, dass so jemand oft über seine eigenen Grenzen geht und sich nicht zugesteht, auch mal schwach zu sein. Ihm oder ihr erscheint es nahezu unmöglich, um Hilfe zu bitten und zu sagen: »Ich kann nicht mehr«, »Ich kann das nicht« oder »Ich ertrage das nicht mehr allein, ich muss es teilen und brauche Hilfe von anderen«. Menschen mit dem Antreiber »Sei stark« suchen sich, wenn überhaupt, erst sehr spät Hilfe und kämpfen eher ihren einsamen Kampf. Auch das ist sehr kräftezehrend.

Der dritte Antreiber: »Sei gefällig!«

Gefällig bedeutet hier so etwas wie nett, freundlich, artig, weiße Kniestrümpfe und Lackschühchen, ein Gedicht aufsagen vor Verwandten und immer hilfsbereit für andere zurückstehen. Und all das sind diese Menschen meistens auch als Erwachsene noch. Auch im Berufsleben sehen wir das sehr deutlich: freundlich, immer lachend oder lächelnd, sehr sozial, sehr zugewandt, sehr hilfsbereit und als positive Nebenwirkung auch sehr kompatibel mit vielen Menschen. Menschen, die diesen Antreiber als stärksten ausgeprägt haben, sind sehr gut darin, sich in verschiedenen Teams einzufinden, sich mit anderen Menschen, auch mit Kollegen, die vielleicht schwierig sind, irgendwie zu arrangieren und immer gefällig zu sein. Die Schattenseite bei diesem Antreiber ist, dass es den Menschen mit dem Antreiber sehr schwerfällt, Nein zu sagen, Grenzen zu setzen oder auch ernst genommen zu werden. Denn wer immer lächelt, eine sanfte Tonlage hat, den Kopf schräg legt und sagt: »Ja, ich will mal schauen, ich … ja, ich kümmere mich.«, dem wird kaum abgenommen, dass er irgendwann mal sagt: »Nein, stopp, hier ist meine Grenze, ich will das nicht. Es ist nicht meine Baustelle, darum muss sich jemand anderes kümmern.« In dem Moment, wo jemand mit dem Antreiber »Sei gefällig« abweisend wäre, würde er sofort sein Umfeld irritieren, weil man das gar nicht von ihm gewohnt ist. Das ist hier das klassische Lernfeld. Und da fällt mir gerade ein, kennen Sie das Buch *Nett ist die kleine Schwester von Scheiße*? Wer diesen Antreiber hat, sollte es mal lesen. Es ist ganz lustig gemacht, und es wird darin durchdekliniert, wo man überall nett und freundlich ist und wie viele Nachteile das manchmal mit sich bringen kann.

Der vierte Antreiber: »Streng dich an!«

Auch der »Streng dich an«-Antreiber bringt natürlich nach langem Training im Leben als positive Nebenwirkungen Stärken hervor, beispielsweise die sogenannte Selbstwirksamkeit. Ich weiß mit diesem Antreiber: »Wenn ich mich anstrenge, kann ich ganz viel schaffen. Ich kann noch mehr, wenn ich mich nur noch mehr anstrenge.« Ebenfalls nährt dieser Antreiber das Durchhaltevermögen. Bei Leistungssportlern findet sich dieser Antreiber daher oft. Und natürlich sehen wir ihn häufig bei erfolgreichen Personen. Denn wenn ich mich ganz doll anstrenge in allem, was ich mache, und den Ehrgeiz habe, immer besser zu werden, dann werde ich am Ende auch Erfolg ernten. Die Schattenseite ist aber auch hier die hohe Belastung. Man merkt selbst gar nicht, wann die Grenze erreicht ist, und trainiert noch eine Runde oder lernt weiter, obwohl Kopf oder Körper eigentlich Ruhe wollen. Über die eigenen Grenzen zu gehen und einfach weiterzumachen, auch wenn es wehtut – das kann eine ganze Weile gut gehen, vielleicht auch immer, aber es kann auch irgendwann Schluss damit sein. Das heißt, Sie merken vielleicht irgendwann – in einem bestimmten Alter, an einer gewissen Belastungsgrenze oder in einer bestimmten Situation in Ihrem Leben: »Nein, es geht jetzt so nicht mehr weiter.« Irgendwann wollen oder können Sie nicht mehr immer besser und schneller sein, sondern brauchen etwas Neues.

Der fünfte Antreiber: »Beeil dich!«

Dieser Antreiber treibt einen im wahrsten Sinne zur Eile. Man erkennt Menschen mit diesem Antreiber daran, dass sie schnell und zielstrebig sind – und zwar bei allem. Sie arbeiten schnell, gehen schnell, beeilen sich und haben immer eine effiziente Zeitplanung. »In diese Lücke kann ich noch das packen« ist ein Gedanke, der sie oft umtreibt. Sie machen gern eine optimierte Wegeplanung. »Wenn ich nachher noch das mache, dann kann ich auf dem Weg noch schnell …« Und so ist dann der ganze Tag durchgetaktet. Die Stärke, die dieser Antreiber hervorbringt, ist eine ausgeprägte Zielstrebigkeit. Chancen werden auf diese Weise schnell ergriffen und sogenannte »quick wins« erzielt, weil man am Wegesrand mal eben noch schnell etwas »gepflückt« und nebenbei erledigt hat.

Die Schattenseite dieses Antreibers ist, dass es sehr schnell hektisch wird und man sich selbst unter Druck setzt. Wenn sich die ewige Wegeoptimierung und Effizienz durchs ganze Leben ziehen und auch die Freizeit bestimmen, dann kommen Genuss, Muße oder auch faule Entspannung zu kurz. Doch das brauchen wir als Ausgleich. Einfach mal irgendwo sitzen und etwas ganz Langsames tun oder überhaupt Dinge langsam erledigen und sich Zeit lassen, das ist bei diesem Antreiber nicht vorgesehen. Das heißt, genau das wäre hier das Lernfeld.

Für unser Heranwachsen und unser Überleben in der Familie waren diese Antreiber absolut wichtig und richtig. Sie haben uns geprägt und zu dem gemacht, was wir sind. Doch nun ist es gut, sich zu verdeutlichen, dass sich die Situation geändert hat. Sie sind erwachsen, frei und unabhängig. Sie können entscheiden, ob Sie sich weiter von diesen Prägungen leiten lassen und weiter antreiben lassen wollen. Oder ob Sie sich vielleicht einfach sagen: »Ja, das gehört in mein Stärkenprofil, eindeutig. Aber ich gönne mir jetzt auch mal die Gegenseite davon – ich bitte auch mal um Hilfe, tue mal etwas Langsames oder lasse mal fünfe gerade sein – und ich übe das bewusst. Ich mache mir klar, dass ich schon weit gekommen bin und dafür mein Antreiber gut war, aber jetzt brauche ich ihn gar nicht mehr.« In dem Moment, in dem wir das beschließen können, sind wir frei, um unser Verhalten zu ändern.

Der erste Schritt einer Verhaltensänderung ist, sich selbst zu beobachten, ganz ohne Änderungsabsicht. Es geht also einfach nur darum, zu beobachten und zum Beispiel festzustellen: »Ach guck mal, da war es wieder. Ich habe hier wieder Wege optimiert, den ganzen Tag im Stress und hektisch laufend verbracht. Interessant, da war wieder mein Muster.« Im zweiten Schritt fragen Sie sich dann: »Hätte ich da irgendwas anders machen können?« Und das können Sie dann trainieren. Meistens ist es so, dass die Veränderung schon einsetzt, wenn man sich ohne Änderungsabsicht beobachtet, und dann kommt die Lust zum Ausprobieren. Prüfen Sie, wie es Ihnen jetzt mit einem anderen Muster oder mit einer bewussten Regelverletzung im Sinne Ihres Antreibers geht. Auf diese Weise wachsen Sie in Ihre nächste »Haut« hinein.

Kapitel 2

Sieben Strategien zur Steigerung der Lebensfreude

In schwierigen Zeiten können wir alles gebrauchen, was die Laune verbessert und uns ein Gegengewicht zu schlimmen Nachrichten aus der ganzen Welt bietet. Alles, was im Großen um uns herum passiert, entzieht sich leider unserem Einfluss. Wir sind den Umständen ausgeliefert und das triggert bei vielen Menschen Ohnmachtsgefühle, die fast niemand gut aushält. Halt gibt es nur in uns und nicht im Außen. Daher möchte ich gerne über ein bisschen mehr Lebensfreude schreiben, also Dinge, die uns von innen wärmen können. Ich habe sieben Strategien zusammengestellt, die jeder oder jede für sich selbst tun kann – zwischendurch, auch wenn der Tag noch so voll, ätzend, angespannt und stressig ist, oder am Tagesanfang, bevor Sie sich in die Welt begeben, Ihre Mails checken und all das lesen, was andere von Ihnen wollen. Oder Sie tun sich zum Tagesende etwas Gutes, wenn Sie hoffentlich irgendwann zur Ruhe kommen, spätestens kurz vor dem Einschlafen, eingekuschelt auf die Seite gerollt, und dann noch mal kurz nachdenken.

> Halt gibt es nur in uns und nicht im Außen.

Was können Sie also für sich tun, um sich von innen zu wärmen und damit auch von innen zu trösten oder auch zu stützen – je nachdem, was Sie gerade brauchen? Vielleicht fallen Ihnen beim Lesen meiner Strategien noch viel mehr Dinge ein, die Sie tun können. Dann haben Sie nämlich kurz den Kanal dafür geöffnet.

1. Strategie: Dankbarkeit fühlen

Die erste Idee ist, jeden Abend dankbar zu sein, sich einmal kurz vor dem Einschlafen oder wann immer Sie zur Ruhe kommen, zu fragen: »Wofür kann ich heute dankbar sein?« Dabei brauchen Sie gar nicht die Welt neu zu erfinden oder richtig groß zu denken, sondern es sind kleine Dinge, die sich summieren und die uns zeigen, dass trotz des vielleicht empfundenen Elends oder der als schrecklich oder bedrohlich empfundenen Zeiten irgendetwas immer dabei ist, wofür man dankbar sein kann. Dass man gesund ist, dass die Kinder gesund sind, dass sich die Angehörigen immer noch nicht mit Corona angesteckt haben. Dass Sie vielleicht noch Arbeit haben oder Ihre Arbeit Ihnen sogar Spaß bringt. Dass Sie irgendeinen Erfolg am Tag hatten. Oder auch nur, dass der Busfahrer auf Sie gewartet hat und Sie den Bus gerade noch so bekommen haben. Oder auch, dass Sie heute frische Croissants gekauft haben und die besonders frisch und buttrig waren. Dass die Schlange beim Bäcker kurz war. Also selbst wenn nichts großes Tolles passiert, so passiert im Leben immer irgendwas tolles Kleines, wofür man am Ende dankbar sein kann. Jeden Abend einmal den Schutzengeln danken, die wieder die Hände über uns gehalten haben. Die sind im Moment alle sicherlich sehr beschäftigt. Ob Sie das in Form eines Gebets tun? Ich denke, das ist für alle, die einer Religion angehören, sicherlich etwas sehr Stärkendes. Aber auch ohne Gebet stärkt es.

2. Strategie: Lächeln

Gehen Sie mit einem Lächeln durch die Welt, und zwar auch, wenn Sie jetzt sagen: »Ja, aber die anderen sind alle so missmutig. Ich bin der Einzige, der lächelt, und keiner lächelt zurück. Und überhaupt mit der Maske und so.« Doch, doch, doch. Ein Lächeln sieht man auch trotz Maske. Und wenn Sie zuerst lächeln und freundlich sind oder Menschen grüßen, ob das beim Einkaufen ist oder beim Busfahrer, dann lächelt die Welt irgendwann zurück.

Interessant ist zum Thema Lächeln übrigens, dass es ein absolutes Friedenssymbol und eine Entspannungsgeste im Kontakt zwischen Menschen ist und für uns selbst. Es lohnt sich also. Was Sie dabei gleichzeitig tun, ist, sich physiologisch selbst zu überlisten. Sich physiologisch selbst überlisten heißt, Sie müssen nur lange genug, zur Not auch grundlos, lächeln, bis Ihr Gehirn denkt: »Ups, wir lächeln! Also dann haben wir ja gute Laune. Oh, wenn wir lächeln, dann freuen wir uns. Ja, okay, wir freuen uns und haben gute Laune. Dann schütte ich jetzt den passenden Hormoncocktail aus.« Und dann fühlen Sie sich tatsächlich so, als hätten Sie Grund zum Lächeln. Das funktioniert sehr, sehr gut. Wir können unseren Körper und unser Gehirn sowieso richtig gut manipulieren, in Richtung gute Laune oder Power. Wenn Sie sich also kraftlos oder elend fühlen und gleich vielleicht eine Präsentation, eine Videokonferenz, ein wichtiges Gespräch oder irgendeine Runde haben, in der Sie besonders gut rüberkommen wollen, dann lächeln Sie vorher in einen Spiegel. Das macht es noch leichter. Aber es geht zur Not auch ohne Spiegel, einfach vor sich hin grinsen, auch ohne Grund. Irgendwann müssen Sie wirklich lächeln, weil sich alles innerlich umbaut und gute Laune simuliert. Ganz kostenlos und drogenfrei.

3. Strategie: Zauberwörter nutzen

Besonders schön wäre es, wenn alle Menschen im ganzen täglichen Miteinander diese Strategie nutzen würden – das Benutzen der Zauberwörter Bitte und Danke. Also, Sie kennen das Zauberwort mit zwei T? Flott. Das ist hiermit nicht gemeint, sondern es geht um Bitte und Danke. Hören Sie mal hin, wenn Sie beim Einkaufen sind, beim Tanken bezahlen, beim Busfahrer einsteigen oder wo immer Sie Menschen begegnen. Achten Sie in Restaurants darauf. Wie selten wird Bitte und Danke gesagt? Sie merken den Unterschied, wenn Sie sich bedanken – egal wofür. Was auch immer Ihnen jemand gibt, rüberreicht, schickt, zur Verfügung stellt oder per E-Mail sendet, was auch immer jemand für Sie tut, auch wenn es ein noch so kleiner Gefallen ist, es lohnt sich, sich zu bedanken. Und es lohnt sich auch, bitte zu sagen. Das Bitte- und Dankesagen hat sich ein bisschen weggeschlichen, finde ich. Es passiert nicht mehr so häufig, und wir sehen den Unterschied sofort, dieses klitzekleine Leuchten in unserem Gegenüber. Gerade wenn dieses Gegenüber in einem Dienstleistungsberuf arbeitet und es nicht mehr gewohnt ist, dann löst es Freude bei ihm aus. Und diese Freude wiederum kommt zu Ihnen zurück und wärmt auch Ihr Herz. Wenn davon noch mehr Menschen Gebrauch machten, dann hätten wir wahrscheinlich eine ziemlich freundliche Welt. Auch die können wir uns nur selbst bauen. Sie fällt leider nicht vom Himmel.

4. Strategie: Echten Kontakt herstellen

In eine ähnliche Richtung geht es, wenn Sie in echten Kontakt mit anderen gehen. Es ist schwierig zu beschreiben, was ich damit meine. In *echten* Kontakt gehen heißt, ein Gefühl für das Gegenüber zu haben, ganz beim Gegenüber zu sein, in der Situation mit allen Sinnen präsent zu sein, wirklich da zu sein, hinzuschauen und hinzufühlen. Es geht also darum, seine Empathie anzuschalten oder bewusst wahrzunehmen und ein Gefühl dafür zu bekommen, wie mein Gegenüber drauf ist. Wie geht es ihm? Was möchte es mir vielleicht wirklich sagen? Geht es ihm gut oder nicht so gut? Hat es eine neue Frisur, eine neue Brille oder was auch immer? Und was erzählt es mir? Bin ich wirklich dabei und höre wirklich zu?

Das bedeutet, sich in der Zeit des Kontakts auf das Gegenüber zu fokussieren. Mir ist bewusst, wie schwer das ist. Je mehr wir unter Strom stehen, je angestrengter wir selbst sind, je mehr wir unter Zeitdruck stehen oder Gedankenspiralen uns umtreiben, umso schwerer fällt es uns, sich jemandem wirklich ganz zuzuwenden. Uns mal zwei, drei Sätze anzuhören und wirklich da zu sein und *nichts* anderes nebenbei zu tun. Dieser echte Kontakt ist etwas, was wir nach so langer Isolierung durch die Corona-Pandemie brauchen. Wenn uns so viele Freizeitaktivitäten nicht mehr gewährt wurden, hilft es, dass wir dann tatsächlich mit denjenigen, die wir sehen, die wir treffen oder die wir persönlich oder wenigstens im Video sprechen, auch verbunden sind.

Es geht also darum, unsere Kontakte bewusst wahrzunehmen. Das können ebenso kleine Begegnungen sein – beispielsweise beim Bäcker, wenn Sie morgens die Brötchen holen. Sagen Sie einfach mal irgendetwas oder reagieren Sie bewusst auf das, was gesagt wird, ohne parallel die Augen schon woanders zu haben und innerlich schon weg zu sein. Im Moment zu sein, während wir jemandem begegnen, das ist es wahrscheinlich, was Kontakte echter macht. Das Gleiche gilt natürlich, wenn Sie Freunde treffen oder mit Ihrer Familie zusammen sind. Versuchen Sie, Mahlzeiten zu genießen, wo Sie einfach nur zusammen sind und einander zuhören, ohne dass technische Geräte eingeschaltet sind. Das kann vielleicht auch helfen und das Herz wärmen.

5. Strategie: Interesse und Wertschätzung zeigen

Auch hier geht es um die Kontakte zu anderen. Wenn wir in der Strategie vier gesagt haben, wir sind im echten Kontakt und ganz fokussiert auf unser Gegenüber, dann ist die Strategie fünf im Grunde die Ergänzung beziehungsweise Vertiefung und betrifft das Thema Wertschätzung und Interesse. Also, wenn Sie schon ganz da sind, dann ist es auch sinnvoll, sich für das Gegenüber zu interessieren. Wie geht es dir? Was treibt dich um? Wie gestaltest du deine Tage? Was machst du ohne Sport? Oder welchen Sport machst du jetzt, wenn du nicht ins Fitnesscenter gehen kannst? Und dann warten Sie wirklich auf die Antwort. Das ist echtes Interesse oder auch Wertschätzung. Ich möchte es jetzt nicht loben nennen, denn Lob hat immer so einen hierarchischen Beigeschmack. Eine Form von Wertschätzung im Sinne von Dank wären die oben genannten Zauberworte Bitte und Danke. Die zweite Form wäre die Anerkennung dessen, was Sie sehen. Nehmen wir mal an, Sie haben einen Handwerker bei sich, der etwas für Sie erledigt. Wertschätzung wäre dann, dass Sie sich freuen können und sagen: »Hey, das ist ja super geworden. Meine Güte, das hat ja noch keiner so großartig gemacht wie Sie.« Lassen Sie also ein bisschen Ihre Freude heraus, die Sie vielleicht irgendwo in sich vergraben haben. Aber die Handwerker bekommen doch Geld für ihre Leistung, werden Sie vielleicht sagen. Ja, das stimmt, aber die schlechten und Dreck hinterlassenden bekommen nicht weniger. Drücken Sie gern Ihre Begeisterung dafür aus, dass etwas fertig geworden oder im Zeitplan fertig oder großartig geworden ist oder richtig schön bunt oder dass jemand die Präsentation ganz originell aufbereitet hat. Was immer er oder sie für andere getan hat, schauen Sie einfach hin und sprechen Sie es aus. Wertschätzung untereinander ist im Moment ein sehr wichtiges Thema, nicht nur für Mitarbeitende, sondern im Grunde für uns alle. Je mehr wir im Home-Office sind, je mehr wir dadurch aus dem Kontakt herausgehen, umso hungriger sind viele nach Wertschätzung. »Sieh mich bitte!« Gesehen werden wollen ist im Moment ein sehr großes Bedürfnis. Und das Hinschauen ist genau die Währung für Wertschätzung.

6. Strategie: Selbstverständliches hinterfragen

Es ist hilfreich, das vermeintlich Selbstverständliche zu hinterfragen und sich bewusst zu machen, was alles eben nicht selbstverständlich ist. Und auch damit können Sie viel Freude und innere Lebensfreude erzeugen. Alles, was in unserem Land oder in unserem Leben vermeintlich selbstverständlich ist, ist nicht selbstverständlich. Das können wir ganz schnell erkennen, wenn wir es einfach mal mit anderen Ländern vergleichen. Wir können uns darüber freuen, dass die Mülltonnen regelmäßig geleert werden. Manche Länder, auch in Europa, träumen von einer regelmäßigen Müllabfuhr. Sie träumen davon, dass Dinge funktionieren, dass es eine DIN-Norm gibt und sie davon ausgehen können, dass, wenn sie sich ein Stativ kaufen, dieses kleine Schraubgewinde auf jedes Gerät passt. Wie cool ist das denn? Also all diese vermeintlich kleinen Dinge, wo man sagen kann: »Hey, das ist echt großartig, wie das alles funktioniert und läuft.« Und wir haben so viel: eine Krankenversicherung, Ärzte, Krankenhäuser, ein großartiges Gesundheitssystem, Sozialsysteme, die funktionieren und jetzt auch wieder gerade richtig anspringen und helfen, wie zum Beispiel mit

Kurzarbeitergeld. Es gibt Fahrpläne, die von öffentlichen Verkehrsmitteln eingehalten werden. Ach, es gibt so viel. Vielleicht gehen Sie mal einen Tag durchs Leben, auf dem Weg zur Arbeit oder im Alltag, und fragen sich: »Was sehe ich eigentlich alles? Und oh, das ist ja eigentlich selbstverständlich. Aber nein, tatsächlich nicht. Alles ist großartig, so wie es läuft.« Statt zu sagen: »Ja, aber da zahle ich ja auch Steuern dafür« oder »Naja, wäre ja noch schöner. Ich zahle in einem Abo 100 Euro für den Verkehrsverbund, und dann kommt der Bus nicht pünktlich. Geht ja gar nicht«, denken Sie lieber positiv. Ja, das ist die Sache mit dem halb leeren und dem halb vollen Glas. Ich habe die Wahl. Nur, wenn ich das halb leere wähle, dann habe ich immer zwei kleine krause Falten auf der Stirn, und das macht doch auch nur alt und hässlich. Also insofern, sehen Sie es lieber positiv: »Check, der Bus war wieder pünktlich«, oder »Hey, die Deutsche Bahn hatte trotz dieser ganzen Fahrplanänderung nur zwei Minuten Verspätung auf ihrer Strecke von Tschechien bis nach Hamburg. Ich finde, das ist eine Leistung.« Klar könnte man auch kritisch sein und sich darüber aufregen, dass die Bahn nie pünktlich ist. Das kann man aber auch lassen und lieber mal sagen: »Wie toll ist das denn, dass unsere Fahrpläne im Großen und Ganzen stehen?« All das, was im Grunde gar nicht selbstverständlich ist, einen Tag lang einzusammeln, wäre eine schöne Aufgabe für zwischendurch, mit positiven, stärkenden Nebenwirkungen.

7. Strategie: Naturwunder bestaunen

Sie erzeugen auch mehr Lebensfreude, wenn es Ihnen gelingt, Naturwunder zu bestaunen. All diese kleinen Wunder, die uns ständig begegnen. Sie sind einfach da, und zwar immer, auch wenn wir sie nicht wahrnehmen, weil wir vielleicht mitten in unserem eigenen Film sind. Hier mal ein paar meiner persönlichen Favoriten. Die Liste ist eigentlich unendlich lang, und Sie werden Ihre eigene Liste haben.

Regentropfen, die sich in ganz wundervoller Weise in Form halten und dann auch noch glitzern und das Sonnenlicht in verschiedensten Farben einfangen. Natürlich hatte auch ich in der Schule Physik und weiß etwas von Oberflächenspannung. Aber je mehr Physikwissen man hat, glaube ich, umso weniger kann man die Wunder bestaunen. Ich möchte es manchmal nicht verstehen, sondern einfach bestaunen und mir an der Stelle etwas kindliche Naivität im positiven Sinne bewahren. So wie ich auch bestaune, dass Buchstaben irgendwie in den Computer kommen oder gesprochene Worte irgendwo anders wieder herauskommen. Das übersteigt mein Vorstellungsvermögen völlig, fällt aber nicht unter die Rubrik Naturwunder, sondern eher unter Technikwunder.

Regenbogen sind für mich ein nächstes Wunder. Manchmal gibt es ja sogar mehrstufige Bogen. Unglaublich. Und wenn man dann noch gerade irgendwo ist, wo diese Bogen auf beiden Seiten den Erdboden berühren, jedenfalls optisch, dann ist das ganz großes Kino, genauso wie Abendhimmelverfärbungen mit großem dramatischen Effekt. Sie halten manchmal nur ein paar Minuten, wenn überhaupt. Und plötzlich ist alles grau, vorher war es lila oder orange oder feuerrot oder knallgelb.

Ganz faszinierend oder im weitesten Sinne Naturwunder sind verlockende Küchendüfte, die lange in der Luft schweben. Sie können ein ganzes Haus ausfüllen. So viel zum Thema Aerosole, könnte man jetzt sagen. Selbstgebackener Kuchen, der einen schon an der Tür begrüßt, oder eine knusprige Gans aus dem Ofen. Toastbrot oder Kaffee verströmen auch sehr schöne Düfte.

Das Rascheln von Laub beim Spazierengehen ruft in mir das Gefühl von früher wach, wie das war, damals durch Laub zu toben, Berge aufzuschichten und sie dann wieder auseinanderzuwuseln, sich reinzuschmeißen und darin zu wälzen. Und dieser Duft von Laub, dieser Duft von Herbst ist sehr schön. Eines meiner Lieblingswunder ist auch das Biegen der Bäume im Sturm. Wie kann etwas gleichzeitig so wahnsinnig flexibel und so stabil sein? Großartig ist auch die Regelmäßigkeit von Ebbe und Flut, nach der man die Uhr stellen kann. Ich kann heute schon wissen, wann am 3. Mai in zwei Jahren Ebbe sein wird.

Erstellen Sie sich gerne mal Ihre Liste. Träumen Sie einfach mal darüber, was Sie alles so bestaunen können, und staunen Sie einfach mal so vor sich hin, wenn Sie unterwegs sind. Jeden Tag ein kleines Wunder zu bestaunen, trägt eindeutig dazu bei, dass wir uns gut erden in all diesen chaotischen Zeiten und immer wieder bemerken, was um uns herum eigentlich alles ist und uns irgendwie trägt.

Es zu bemerken und bewusst wahrzunehmen, ist Teil der so viel beschriebenen und gesunden Achtsamkeit. Rein physiologisch hat das auch noch etwas Gutes: Es entspannt unsere Muskulatur, senkt den Puls und dient damit auch noch unserer Gesundheit. Wie cool ist das denn? Und das Tröstliche ist, dass all das immer da ist, egal wie schlecht wir uns gerade fühlen oder wie krank oder voller Sorge wir gerade sind.

Wenn es uns nur gelingt, unsere Augen nach außen zu richten und kurz so eine Art innere Tür zu öffnen, durch das Sich-schlecht-Fühlen hindurch, dann kann auch etwas durch diese Tür in uns hineinschlüpfen und uns von innen wärmen, berühren, wie immer Sie es nennen wollen. Machen Sie für sich den Anfang, dann machen Sie auf jeden Fall für sich den Unterschied.

> „Machen Sie für sich den Anfang, dann machen Sie auf jeden Fall für sich den Unterschied.

Kapitel 3

Die besten Soforthilfen bei akutem Stress

In diesem Kapitel geht es um konkrete Strategien für den Umgang mit akutem Stress. Stellen Sie sich folgendes Bild vor: Sie schwimmen und schwimmen und können nicht mehr. Die Kräfte schwinden und Sie haben überhaupt keine Idee, wie Sie das Ufer erreichen sollen. Es geht einfach nicht mehr. Die Knochen werden müde, die Muskeln werden lahm und die Luft reicht irgendwie auch nicht mehr. Sie fragen sich, wie sie bloß das Ziel erreichen sollen, und werden immer verzweifelter. Endlich sehen Sie einen dicken, runden Felsen über der Meeresoberfläche, er ist in greifbarer Nähe. Und dann schaffen Sie es irgendwie, auf diesen Felsen zu robben, und legen sich komplett drauf. Sie fühlen den Stein, den die Sonne erwärmt hat, und machen erst mal etwas. Überlegen Sie, was machen Sie als Erstes? Ganz genau. Atmen und entspannen. Dieses Bild passt exakt zu dem, was wir teilweise durchmachen. Innerlich. Im Außen sieht es erst mal anders aus. Wir gehen einfach zur Arbeit oder haben einen stressigen Alltag. Aber innerlich kämpft der eine oder die andere wie beim Schwimmen gegen den Strom.

Wenn wir in der heutigen Zeit auf den Alltag von Eltern schauen, die im Home-Office arbeiten und gleichzeitig Kinder betreuen, dann fühlen sie sich manchmal vermutlich so wie beim Schwimmen gegen den Strom. Und viele andere auch. Es ist eine Mischung aus Home-Office, private Aktivitäten organisieren und Videokonferenzen. Der Hund muss raus. Die eigenen Eltern machen einem Sorgen, und es warten jede Menge Aufgaben, die wir vor uns herschieben, weil es irgendwie immer nur für das Dringlichste reicht. Alles das lässt Erschöpfung aufkommen. Oder wir stecken in einer Krisensituation im Unternehmen und sind am Jonglieren mit Terminen, Beratern,

Arbeitsgruppen, Projektmeetings, immer neuen Budgetkürzungen und anderen Katastrophenmeldungen. Gleichzeitig müssen und wollen wir allen Mitarbeitenden gerecht werden. Wir haben nicht besetzte Stellen im Team, die nächste Kündigung steht ins Haus, die Nachbesetzung dauert inzwischen Monate, und das Team fleht uns an, endlich für Rettung zu sorgen, und konfrontiert uns mit unserer Machtlosigkeit. Auch diese Mischung und Gemengelage kann absolut erschöpfend sein, insbesondere wenn die Krisen- oder Anspannungszeiten lange dauern und kein Land in Sicht ist. Wir kennen das alle, und wir wissen theoretisch auch, dass es Lösungsmöglichkeiten gäbe. Wir wissen, dass es da draußen jede Menge guter Bücher gibt, die wir uns anschauen könnten und in denen wir Rat und Übungen finden. Nur leider fehlt einem meistens in der akuten Situation die Zeit zum Lesen. Deshalb habe ich für dieses Kapitel ein paar konkrete Tipps zusammengestellt. Es sind Klassiker, aber diese kleinen Notfallhilfen wirken tatsächlich und werden oft unterschätzt.

Wenn wir mal unterstellen, dass wir aus Körper, Geist und Seele bestehen, dann brauchen wir für alle drei Bestandteile unseres Selbst kleine Hilfsmittel. Beginnen wir mal mit dem Körperlichen. Wir machen uns nur selten bewusst, dass unser Gehirn, wenn es eine Menge Stress hat und lang anhaltenden Stress hat, versorgt werden muss, und zwar möglichst mit Nahrungsmitteln oder Bestandteilen, die ihm helfen. Was wir hierfür relativ schnell umsetzen können – auch wenn es schwerer ist, als es klingt –, ist, Zucker gegen Nüsse auszutauschen. Das bedeutet aber natürlich nicht, Rosinen hineinzumischen, sondern wirklich nur Nüsse statt Zucker zu naschen. Denn Zucker macht uns zappelig, unruhig, nervös und sorgt dafür, dass unser Blutzucker ständig Achterbahn fährt und uns abends sehr schnell erschöpft sein lässt. Wenn Sie es also schaffen, das große Süßigkeitenglas oder die heimliche Schublade gegen Nussschälchen auszutauschen, die überall bereitstehen, dann haben Sie schon viel gewonnen.

Stilles Wasser statt Kaffee ist ebenso ein sinnvoller Tipp. In geringen Mengen ist Kaffee grundsätzlich kein Problem. Inzwischen gibt es sogar jede Menge Studien, die besagen, dass er sogar gesünder sei, als man dachte. Aber die Menge macht's, so wie bei jedem Gift. Wenn Sie viel Kaffee trinken, haben Sie einfach einen schnelleren Puls. Wenn Sie sowieso zu Bluthochdruck neigen, dann wäre für Sie stilles Wasser viel besser als Kaffee. Viel trinken hilft dem Gehirn, viel zu denken, denn tatsächlich wird alles in uns aus Wasser gebaut und die ganzen kleinen Zellen müssen vor sich hin schwimmen. Und je besser die Zellen schwimmen können und je mehr Wasser um sie herum ist, umso geschmeidiger laufen Denkprozesse ab, und Sie bekommen deutlich weniger Kopfschmerzen und sind schneller im Kopf. Kaffee übersäuert den Organismus, wenn Sie viel davon trinken, sollten Sie mit Basischem bewusst gegensteuern.

Das Dritte, was Sie sich zum Thema Ernährung noch anschauen können, entweder mit vorherigem Arzt- oder Heilpraktikerbesuch oder ohne: einen Vitamin-B-Komplex einzunehmen und auf den Vitamin-D-Spiegel zu achten. Dafür gibt es Nahrungsergänzungsmittel, um in Zeiten von Hochstress, hoher Konzentration und Belastung den Nerven Futter zu geben. Erkundigen Sie sich in der Apotheke.

Was Sie außerdem noch für sich tun können, und zwar jederzeit rund um die Uhr, auch im Job, ist Atmen. Atmen wird wirklich unterschätzt. Man weiß inzwischen aus der Behandlung von Herzrhythmusstörungen, dass allein Atemtherapie helfen kann, den Herzrhythmus zu regulieren, wenn es keine organischen Ursachen gibt. Es entspannt die Muskeln und hilft, den Pulsschlag zu regulieren. Wenn wir also im körperlichen Stress sind, Stresshormone uns durchfluten und wir im Alarmzustand sind, wären wir ja eigentlich entweder auf der Flucht, im Angriff oder beim Totstellen, aber bestimmt nicht einfach nur in einem Modus des Aushaltens. Dann hilft Atmen. Einatmen, ausatmen. Das können Sie in jedem Meeting trainieren oder auch, wenn Sie nur eine Minute Zeit zwischen zwei Meetings haben oder wenn Sie sich schnell zum Händewaschen kurz einschließen. Es ist sehr interessant, mal so eine kleine Phase der Selbstbeobachtung zu starten. Je mehr Stress wir haben, umso flacher wird oft unser Atem. Wir hecheln dann nur noch oder atmen gerade mal in die obere Hälfte des Brustkorbs, weiter runter kommt die Luft gar nicht. Wenn wir wirklich tief einatmen wollen, dann würde das bedeuten, Sie denken sich den Bauchnabel und zupfen jetzt, wenn Sie ein Hemd oder T-Shirt tragen, diesen Bauchnabel nach vorn und wieder zurück. Also wirklich tief in den Bauchnabel reinatmen und dann wieder zurück. Machen Sie das in Stresssituationen drei- bis fünfmal, am Anfang langsam, irgendwann findet es seinen eigenen Rhythmus. Sie werden merken: »Ja, geht wieder.« Das ist etwas, was man im Alarmzustand zuerst machen sollte, denn durch das Atmen und die Ruhe, die dadurch entsteht, sind Sie wieder in der Lage zu denken. Der Fokus weitet sich wieder. Und wenn Sie erst mal denken können, fällt Ihnen auch eine Handlungsoption ein. Dann sind Sie in der Lage, das Ganze wieder abzuschichten und zu sagen: »Schritt für Schritt. Nicht alles auf einmal.«

Gegen Stresshormone im Körper und Anspannungssituationen hat sich darüber hinaus Bewegung bewährt. Damit meine ich nicht, dass Sie jetzt noch das Marathontraining anfangen und sich mit Leistungssport fit halten sollen. Um Gottes willen, das wäre in hohen Belastungszeiten eine weitere Belastung für Ihr System, wenn Sie nicht schon vorher länger Marathons gelaufen sind. Ich meine kleine Bewegungspakete, die man im Alltag einbauen kann. Also vielleicht steigen Sie wirklich auf dem Weg nach Hause die berühmte Bushaltestelle vorher aus. Oder Sie fahren mit dem Rad zum Job oder gehen zu Fuß. Oder Sie steigen im Job ein paar Treppen, verschwinden einmal kurz ins Treppenhaus, um zwei, drei Stockwerke zu laufen und wieder zurück. Jede Bewegung, die uns ein bisschen fordert, baut Stresshormone ab und sorgt damit ebenso für innere Entspannung. Wenn Sie es dann schaffen, in Ihrer Freizeit noch weitere Bewegungspakete einzubauen, ist das wunderbar. Schon schnelles Spazierengehen kann so viele positive Hormone in uns erzeugen, dass sie die Wirkung leichter Antidepressiva ersetzen. Das belegen immer mehr Studien.

Beim nächsten Thema, was Sie für sich tun können, wird besonders Ihre Seele jubeln, wenn sie das hört. Schaffen Sie sich Zeitinseln. Dabei knüpfen wir bei dem vorhin zitierten großen runden, glatten Felsen an, der aus dem Meer ragt und Sie verschnaufen lässt. Ihre Aufgabe ist es herauszufinden, was Ihr Fels sein könnte und wo er ist. Finden Sie also eine kleine Zeitinsel, die Ihnen gehört. Jeder von uns ist da anders aufgestellt. Die einen brauchen viel Zeit für sich, die anderen brauchen viel Zeit mit anderen, um zu regenerieren. Aber wir alle brauchen manchmal Zeit für uns und für das, was uns guttut. Und wenn Sie jetzt keine Zeit haben wegen Home-Office, Kinderbetreuung und hoher Stressdichte im Job, dann reicht es schon für den Anfang, zum Beispiel zwischen Job und Zuhause eine Viertelstunde anzuhalten, irgendwo auf dem Weg. Schauen Sie auf einen See, einen Fluss, einen Wald, einen Park, ein Rapsfeld oder einen weiten Acker mit Horizont. Oder lauschen Sie, wenn es schon dämmert, bewusst dem Vogelkonzert, bevor Sie sich dann in den Familientrubel stürzen. Ebenso können Sie zum Beispiel bei schlechtem Wetter das Auto von innen abschließen, sich dann zurücklehnen und mit geschlossenen Augen ein paar Songs ihrer Lieblingsmusik hören. Wenn Sie Lust haben zu singen, ist auch Singen unheimlich entspannend. Sie können ein bisschen mitgrölen und werden merken: Wer singt, kann nicht gleichzeitig Sorgen oder schlechte Laune haben. Das ist auch ein tolles Phänomen. Man muss sich manchmal, wenn man richtig schlecht drauf ist, zwingen, zu singen, weil es uns nicht in den Sinn kommt und nicht zu passen scheint. Das ist ja eher etwas, was wir bei Fröhlichkeit tun würden. Aber wenn Sie es tun, werden Sie merken, dass es genauso funktioniert wie Lächeln oder Lachen. Lächeln Sie sich selber im Spiegel an, grinsen Sie einfach so lange, bis Sie wirklich lachen müssen. Das hilft auch zur Entspannung.

Wer singt, kann nicht gleichzeitig Sorgen oder schlechte Laune haben.

Eine Zeitinsel kann auch sein, in der Mittagspause etwas zu tun, was Sie wirklich entspannt. Sie könnten in Ihr Auto schlüpfen, in der Tiefgarage vielleicht, und dort dann ein kleines Schläfchen machen. Vielleicht nehmen Sie sich eine flauschige Decke und ein Kissen mit und verziehen sich ganz diskret dahin. Oder Sie buchen eine kurze Massage oder gehen eine Runde laufen oder schwimmen oder was immer Ihnen guttut. Treffen Sie einen Freund, surfen Sie im Internet nach schönen Ferienorten, stricken Sie eine Weile, hören Sie Musik und schauen Sie dabei aus dem Fenster. Keine Ahnung, was Ihnen gefällt und was Sie ablenkt und entspannt. Eine *echte* Pause zu machen, ist auf jeden Fall ebenso hilfreich.

Nehmen Sie sich Zeit für sich, um herauszufinden, was Ihnen guttut und was Ihr Rezept sein kann, und probieren Sie es einfach mal aus. Schon zwei, drei dieser Dinge, die hier genannt wurden, helfen uns, dass es uns besser geht und wir mehr in die Stabilität kommen und letztendlich bleiben.

Denken Sie daran, dass sich niemand anders um Sie kümmern kann als Sie selbst. Sie sind dafür verantwortlich, dass es Ihnen so gut geht und Sie so kraftvoll sind, damit Sie für andere aus dieser Kraft schöpfen können.

> „Denken Sie daran, dass sich niemand anders um Sie kümmern kann als Sie selbst. Sie sind dafür verantwortlich, dass es Ihnen so gut geht und Sie so kraftvoll sind, damit Sie für andere aus dieser Kraft schöpfen können.

Kapitel 4

Drei Tricks, um sich in Erfolgsstimmung zu versetzen

Nehmen wir einmal an, Sie haben ein wichtiges Meeting, wo Sie präsentieren müssen, oder Sie wollen als Bewerberin oder Bewerber überzeugen. Oder Sie wollen sich in beste Stimmung bringen, um Ihr Team mit Ihrer eigenen Begeisterung für eine neue Aufgabe anzustecken. Wenn Sie das Ganze drogenfrei über die Bühne bringen wollen, dann kann Ihnen hier geholfen werden. Mit den folgenden drei Tricks können Sie sich in sehr kurzer Zeit in eine positive Stimmung bringen, wann immer Sie das brauchen.

Warum diese Vorgehensweisen funktionieren, ist ganz interessant. Unser Gehirn lässt sich nämlich ein bisschen austricksen oder manipulieren. Es reagiert neurophysiologisch auf unsere eigene Körpersprache. Lange Zeit hat man sich wissenschaftlich damit beschäftigt, dass unsere Körpersprache ein Signal an andere Personen sendet und diese durch unsere Körpersprache beeinflusst werden. Inzwischen weiß man, dass unsere eigene Körpersprache auch uns selbst beeinflusst und dass wir uns mit unserer eigenen Körpersprache entweder selbst runterziehen oder selbst überzeugen, anstacheln oder energetisieren können. Das heißt, wir können mit bestimmten Bewegungen und Gesten dafür sorgen, dass unser Gehirn den zur Geste oder Bewegung passenden Hormoncocktail ausschüttet und somit uns selbst simulieren, wir hätten gerade wahnsinnigen Erfolg. Von dieser Simulation können Sie dann profitieren.

Es geht grundsätzlich bei allen drei Tricks darum, einen Hormoncocktail im Blut herzustellen, der Erfolg und damit Leichtigkeit, ein Siegerlächeln, Energie und Freude simuliert. Diese positiven Hormone sorgen wiederum dafür, dass die Stresshormone sinken. Ein Powerhormon, das wir brauchen, um zu gewinnen, ist zum Beispiel Testosteron, das klassische männliche Hormon. Aber wir Frauen haben das auch, wenn auch in anderer Dosierung. Testosteron ist zum Beispiel ein »Siegerhormon«, und sobald es ausgeschüttet wird, hat man Kraft, Power und Energie. Das andere wichtige Hormon ist Serotonin, weil es einfach glücklich macht, entspannt und fröhlich stimmt. Davon kann man ja eigentlich auch nicht genug haben. Beide Hormone können Sie durch die folgenden körpersprachlichen Übungen in sich erzeugen. Das konnten Blutuntersuchungen in verschiedenen Studien belegen.

Für alle drei Tricks würde ich empfehlen: am besten ohne Zeugen und Zuschauer. Machen Sie das, wenn Sie mit sich allein sind. Es würde sonst Ihr Umfeld ein bisschen irritieren.

Trick 1: Lächeln Sie!

Der erste Trick funktioniert ganz schlicht und einfach. Sie brauchen dafür nur einen Spiegel. Das kann übrigens auch ein kleiner Spiegel für unterwegs sein oder der kleine Spiegel im Auto. Sie nutzen den Spiegel und grinsen dort hinein. Verziehen Sie den Mund zu einem breiten Lächeln, gern mit Augenfältchen dazu, bis Sie lachen müssen und gute Laune bekommen. Am Anfang denken Sie: »Wie bekloppt ist das denn? Ich grinse mein Spiegelbild an und mir ist überhaupt nicht zum Lachen. Ich bin eigentlich gerade sauer oder müde oder erschöpft oder alles zusammen. Wie soll das denn funktionieren?« Aber interessant ist Folgendes: Sie grinsen Ihr Spiegelbild an, machen den Mund dabei richtig schön breit und zeigen die Zähnchen, machen ein richtig dickes, fettes Smiley-Emoji aus Ihrem Gesicht und Ihre Augen sehen jetzt ein lachendes Gesicht. Und diese Information – wir sehen ein lachendes Gesicht – wird nach oben ins Gehirn gebeamt und das Gehirn sagt: »Ach so, wir lachen gerade. Okay, gut zu wissen. Warte mal, wenn wir lachen, dann haben wir gute Laune. Wenn wir gute Laune haben und uns freuen, dann brauchen wir diese Mischung. Zack.« Und dann wird wie mit einer kleinen Spritze der klassische Hormoncocktail für »Wir freuen uns« ins Blut gegeben und schon bekommt man gute Laune. Es gibt dazu bekanntlich auch die Fortgeschrittenenversion, das sogenannte Lachyoga, wo man zusammen wirklich lacht, bis man richtig lachen muss. Das funktioniert tatsächlich. Am Ende, wenn der Körper wirklich lacht und wirklich lächelt und sich dann durch die Hormone noch selbst befeuert, dann grinsen Sie nicht nur wie ein Emoji, sondern dann lacht Ihr ganzer Körper. Und in dem Moment können Sie nicht gleichzeitig sauer oder verspannt oder ängstlich sein, sondern kriegen gute Laune. Das ist schon mal der erste preiswerte und drogenfreie Trick.

Trick 2: Powerposing

Der zweite ist körpersprachlich ein bisschen größer. Denken Sie jetzt bitte an die Olympischen Spiele oder an andere Wettbewerbe, insbesondere denken wir mal an Fußball oder an Leichtathletik, an Läufer oder auch an Ruderer oder Kanuten. Was machen all diese Gewinner, die zuerst durch die Ziellinie laufen oder rudern oder ein Tor geschossen haben? Haben Sie das Bild vor sich? Sie reißen die Arme nach oben, beide Arme weit nach oben. Sie werfen den Kopf ein bisschen in den Nacken, und meistens öffnen sie den Mund sehr weit zu einem ganz großen Yeah. Das ist so eine Mischung aus Hey und Wow und Lachen und alles. Der Mund ist fast immer weit offen und die Arme sind ganz nach oben gestreckt. Und dann laufen oder fahren sie nach der Ziellinie weiter mit dieser Siegerpose mit den nach oben getreckten Armen. Oder sie lassen sich nach hinten fallen. Oder als Läufer oder Fußballer jubeln sie dann und schmeißen sich noch mal kurz als Pose in den Dreck. Den Teil können wir weglassen. Diese Siegerpose einzunehmen und tatsächlich die Arme nach oben zu reißen, den Kopf in den Nacken zu legen, den Mund zu öffnen, ein bisschen mit dem ganzen Körper rumzuschlenkern oder auch drei Schritte dabei zu gehen, das hilft Ihnen ebenso, um in Ihrem Körper das Gefühl des Gewinnens zu erzeugen. Wir haben gewonnen. Wir freuen uns gerade über unseren Sieg. Und diese Haltung sorgt dann dafür, dass Sie sich so fühlen, wie man sich fühlt, wenn man gerade als Erster durch die Ziellinie gelaufen ist. Das ist richtig cool, also wirklich super geeignet, weil es schon reicht, wenn Sie diese Pose etwa zwei Minuten einhalten. Wenn Sie das zwei Minuten machen, irgendwo in einem abgeschlossenen Raum und danach eine Präsentation haben, ein Bewerbungsgespräch in eigener Sache führen oder eine Rede halten, dann kommen Sie entsprechend Hormon-eingestellt und auf Power programmiert daher und bringen es einfach ganz anders rüber, als wenn Sie mit Angst gespeist, mit sorgenvoller Miene oder völlig gestresst aus einem anderen Termin auf die Bühne wanken. Das Siegerposing ist also sehr hilfreich.

Trick 3: Selbstaffirmationen nutzen

Der dritte Trick sind sogenannte Selbstaffirmationen. Selbstaffirmationen sind Sätze, die Sie zu sich selber sagen, um sich selbst zu bestärken. Diese Sätze funktionieren mit einer Bedingung: Sie müssen positiv formuliert sein. Also das Wort »nicht« darf darin nicht enthalten sein. Zum Beispiel »Ich überzeuge mein Gegenüber« oder »Ich halte eine erfolgreiche Präsentation und begeistere mein Publikum«. Oder »Ich gewinne das Budget für den Auftrag« oder »Heute ist ein erfolgreicher Tag. Ich werde ihn dazu machen«. Was auch immer Sie vorhaben, Sie können sich etwas Beruhigendes sagen im Sinne von »Ich behalte die Kontrolle über meine Gefühle« oder »Ich bleibe gelassen, wenn andere sich aufregen«. Egal wie Ihr Text lautet, murmeln Sie ihn einfach vor sich hin. Das funktioniert interessanterweise auch lautlos. Allerdings wissen wir, dass das Ohr als Zeuge für das Gesagte hilfreich und verstärkend ist. Das kennen wir vom Vokabellernen. Die Vokabeln, die man sich laut vorliest und die einmal noch durchs Ohr zurück ins Gehirn gehen, die sitzen einfach besser, als wenn man sie nur leise liest. Und so ist es mit Affirmationen auch. Wenn Sie sie gleichzeitig auch selbst noch mal hören, dann werden sie verstärkt. Murmeln Sie also beim Haareföhnen, beim Zähneputzen, beim Im-Stau-Stehen, auf dem Weg zur U-Bahn: »Ich halte eine erfolgreiche Präsentation«, »Ich überzeuge mein Gegenüber« – was auch immer Ihr Text ist. Diesen Satz murmeln Sie etwa 20- bis 30-mal vor sich hin. Auch hier ist es wie eine innere Programmierung. Man kann sich vorstellen, das Gehirn hört es so oft, bis es das glaubt und dann auch wieder entsprechende Verhaltensweisen bereitstellt – im Sinne von »Ach so, alles klar, wir bleiben heute gelassen«, »Ah, okay, wir überzeugen unser Gegenüber« oder »Ach so, wir bauen jetzt einen erfolgreichen Tag. Okay, bin dabei«. Und dann wird alles in Ihrem System auf dieser Welle reiten. So könnte man sich das bildlich vorstellen. Ihr Gehirn wird mit den dazugehörigen Verhaltensweisen dafür sorgen, dass Sie Ihr Vorhaben realisieren können. Muss man ein bisschen üben, es funktioniert aber ganz großartig.

Kapitel 5

Fünf Strategien gegen Sorgen, Ängste und negative Gedankenspiralen

Sie wünschen sich Rezepte, wie Sie mit Angst und Sorgen umgehen können? Das kann ich gut verstehen. Es passt sehr gut in die momentane Zeit. Hier kommen ein paar Rezepte, was wir tun können, wenn wir von Ängsten, Sorgen oder negativen Gedankenspiralen weggeschwemmt werden, und Tipps dafür, wie wir diese Vorgehensweisen in den Alltag integrieren.

Ich bin zwar keine Psychologin, geschweige denn eine Psychotherapeutin. Die könnten uns sicherlich noch besser helfen zu diesen Fragen. Aber immerhin kommen hier ein paar Gedanken und hilfreiche Ansätze für den Alltag, die mir in meinen Weiterbildungen vermittelt wurden und mir selbst helfen.

Zuerst ein paar grundsätzliche Worte zu Angst: Angst ist zunächst einmal ein richtig guter Ratgeber, auch wenn sie schwer auszuhalten ist. Wenn wir keine Angst hätten, würden wir vor dem Säbelzahntiger nicht weglaufen. Wir würden unser Konto nicht anschauen, wenn wir keine Ängste um unsere wirtschaftliche Existenz hätten. Wir würden uns nicht darum kümmern, unser Haus und unser Dach wetterfest zu machen, wenn wir keine Sorge hätten, dass der Wind es abheben oder der Bach am Haus überlaufen könnte. Diese Sorgen und Ängste sind erst mal ein guter Ratgeber, auf sich, sein Leben und seine Existenz in verschiedenen Facetten aufzupassen. Dafür sind sie ursprünglich gedacht. Es ist ein Früh-

> „Angst ist zunächst einmal ein richtig guter Ratgeber, auch wenn sie schwer auszuhalten ist.“

warnsystem, das entsprechende Reaktionsweisen wie Flucht, Gegenangriff oder eben Totstellen auslöst. Das heißt, Angst löst einen Hormoncocktail in uns aus, der dafür sorgt, dass wir aktiv werden und alles in Wallung kommt, im wahrsten Sinne des Wortes.

Passiert das nun aber im Alltag, ohne dass wir tatsächlich körperlich von Bären oder ähnlichen Wesen angegriffen werden, dann löst es Stress aus. Und dieser Hormoncocktail führt dazu, dass wir tatsächlich nicht gesünder davon werden, sondern eher Stresssymptome im Verhalten und irgendwann auch körperliche Symptome entwickeln können. Es lohnt sich also in jedem Fall, mit Angst vernünftig umzugehen oder angemessene Antworten zu finden.

Erste Strategie: Das innere Kind beruhigen

Als Erstes lohnt es sich, für Sie zu klären: Wer in Ihnen hat eigentlich gerade Angst, Sie selbst heute als Erwachsener in der tatsächlichen Situation und bezogen auf eine reale Bedrohung Ihrer Existenz oder Ihres Alltags, Ihres Jobs, Ihrer Familie, Ihrer Gesundheit? Oder ist es eher Ihr »inneres Kind«, das Angst hat? Das Modell des inneren Kindes ist ganz interessant. Wenn Sie das weiter vertiefen wollen, gibt es dazu spannende Bücher. Sie arbeiten mit der Idee, dass in uns allen auch noch wir selbst als kleines Wesen, also als Kind, schlummern oder leben. Und dass dieses innere Kind eben manchmal Gefühle hat, die mit der Gegenwart tatsächlich gar nicht so viel zu tun haben, sondern aus der Zeit von damals kommen und heute im Außen getriggert werden. Dann haben eben der kleine Lars oder die kleine Sophie Sorgen und Ängste, und der große Lars oder die große Sophie werden dann heute sagen: »Ja, aber da müssen wir uns gar nicht fürchten, denn heute können wir uns ja wehren, oder? Heute können wir vorsorgen, handeln oder uns in irgendeiner Form schützen.« Das heißt, diese Unterscheidung ist erst mal die erste sinnvolle Frage: Habe ich jetzt als Erwachsener gerade Angst? Und wenn ja, wovor genau? Oder ist das ein Gefühl, das ich von früher kenne, das getriggert wurde, vielleicht durch einen heutigen Auslöser, aber gar nicht in die heutige Zeit gehört? Muss ich vielleicht als Erwachsener gar keine Angst haben und kann das innere Kind dann entsprechend beruhigen? Diese Klärung wäre die erste Strategie, um das für sich einmal reflexiv zu beantworten. Sollten Sie zu dem Schluss kommen, dass es das innere Kind von damals ist, das sich fürchtet, dann nehmen Sie es ernst, umsorgen es, nehmen es sinnbildlich in den Arm, trösten es und kümmern sich darum, bis es sich beruhigt.

Zweite Strategie: Änderungsmöglichkeiten identifizieren

Als Zweites fragen Sie sich: Kann ich etwas ändern an dem, wovor ich gerade Angst habe? Oder ist es etwas Großes, was gar nicht in meiner Macht steht? Wenn es nicht in meiner Macht steht, ist das Gefühl der Ohnmacht, also ohne Macht zu sein, sehr schnell präsent. Dazu gehören all die ganz großen Themen, die uns vielleicht im Moment umtreiben, von Krieg in Europa, Corona, Wirtschaftskrisen, diplomatischen Spannungen in der Welt über Entlassungswellen, Restrukturierung, auslaufende Kurzarbeit oder auch einfach nur die Frage: Wie geht es weiter mit unser aller Leben und der Wirtschaft in Deutschland? Und wie lange wird das alles dauern, die ganzen Zeiten der Inflation, Einschränkungen, Preissteigerungen und so weiter. Wenn wir das einmal erkannt haben, dass wir für oder gegen die großen Dinge gar nichts tun können, können wir versuchen, zu schauen, wo es in unserem Alltag unangenehme Gefühle oder Ängste auslöst. Auf dieser Basis kann ich schauen, ob ich dort einen kleinen Pfad finde, wo ich tatsächlich gegensteuern kann.

Wenn es zum Beispiel um die Angst vor Vereinsamung geht oder die Angst vor Verwahrlosung, die neulich eine Klientin von mir als »Verlotterung im Home-Office« benannte. Was kann ich dann tun, um diese Angst nicht Realität werden zu lassen? Da kann ich ja realistisch gegensteuern. Nehmen wir mal die »Verlotterung«. Na gut, dann mache ich mich ganz hübsch, als würde ich ins Büro fahren. Ich lege Schmuck an, ziehe mich businessmäßig an, schminke mich vielleicht, mache die Haare besonders schön, rasiere mich als Mann besonders sorgfältig und ziehe ein Hemd mit gutem Kragen an und nicht eines, mit dem ich in der Videokonferenz abgerissen aussehe. Das wäre etwas, was Sie selbst tun können. Spüren Sie hingegen die Angst vor Vereinsamung, planen Sie feste Treffen mit Freundinnen oder Verabredungen ein, buchen Sie Volkshochschulkurse, offene Gesprächsgruppen, Ausflüge zur Vogelbeobachtung oder leihen Sie von Ihren Nachbarn einen Hund zum Spazierengehen aus. Je größer Sie die Angstgedanken fassen, umso weniger können Sie natürlich selbst beitragen. Genauso ist es mit der Angst vor Corona. Sie können sich schützen, indem Sie auf einem kleinen Alltagsniveau alles tun, was in Ihrer Macht steht. Aber wirklich verhindern können Sie eine Ansteckung leider nicht, weil wir das ganz Große auch hier nicht im Griff haben.

Strategie Nummer zwei bedeutet also, zuerst zu definieren, wovor Sie Angst haben, und sich dann zu fragen: Kann ich es irgendwie steuern? Kann ich es ändern? Kann ich es abwehren? Kann ich es verhindern? Kann ich mich schützen? Und wenn ja, dann gehen Sie es konkret an. Wandeln Sie es in kleine, machbare Schritte um und suchen Sie sich Hilfe und Unterstützung.

Wenn das nicht geht und das Thema zu groß ist für Sie, ist eher die Frage: Wie können Sie sich trösten oder beruhigen? Grundsätzlich sind diese Zeiten der Verunsicherung und des Umbruchs ganz klar eher Angsttrigger als beruhigende Zeiten. Und das lässt sich nicht wirklich ändern. Wir müssen damit leben, diese größeren Dinge zu akzeptieren und im besten Sinne des Wortes hinzunehmen, und dann immer wieder schauen, wo unsere eigenen Ängste berührt sind. Ob wir das von früher irgendwie kennen, ob es ein Muster ist, das für uns typisch ist, und ob wir dann vielleicht etwas finden, das uns das Ganze besser aushalten lässt. Es geht um die Suche nach Trost und Stärkung. Was kann mich jetzt in meiner Angst trösten? Oder auch mein inneres Kind? Wenn das gerade Angst hat, was braucht es von mir, dem Erwachsenen? Sind das vielleicht zwei, drei Tage, wo Sie sich mal bewusst in ein Schneckenhaus zurückziehen oder am Wochenende einfach nur faul im Bett liegen und etwas lesen, um die Welt zu vergessen? Oder sind es virtuelle Treffen mit Freunden, in denen Sie dann über diese Dinge sprechen und einfach die Angst mal äußern und benennen, damit sie überhaupt auf der Oberfläche sein darf?

Grundsätzlich sagen Psychologen, dass wir in dem Moment, wo wir Gefühle wahrnehmen, ohne sie ändern zu wollen, schon tatsächlich einen ersten Schritt machen. Denn Gefühle wollen erst einmal ernst genommen werden, wollen gehört werden, wollen gefühlt werden. Es ist ganz interessant: In dem Moment, wo wir sie überhaupt an die Oberfläche befördern und womöglich darüber reden, werden sie manchmal schon kleiner. Oder es fällt einem während des Gesprächs eine Strategie, eine Lösung, eine Idee ein. Oder wir hören, dass es anderen bei diesem Thema genauso geht, und merken, dass wir damit nicht allein sind. Auch das kann tatsächlich schon ein Trost sein.

Hier noch mal als grundsätzlicher Einschub: Was definitiv nicht hilfreich ist, ist eine Strategie, die wir möglicherweise aus unserer Erziehung kennen (je nach innerem Antreiber, siehe erstes Kapitel) – nämlich das typische »Stell dich nicht so an, reiß dich zusammen, jetzt jammere hier nicht rum«. Solche Ansagen sorgen dafür, dass Gefühle noch deutlicher und stärker werden, weil sie einfach an die Oberfläche und wahr- beziehungsweise ernst genommen werden wollen. Wenn man sie unterdrückt und sagt »Jetzt Klappe halten da unten, ich will euch nicht sehen und nicht hören«, dann finden sie noch dramatischere Wege, um irgendwie aus der Deckung zu kommen. Gefühle wollen also erst mal gesehen und gefühlt werden. Und das Gute daran ist, egal wie schlimm sie sind, sie gehen vorbei. Es ist völlig normal, dass wir nicht nur fröhlich jauchzend durch den Tag gehen, sondern dass es positive und negative oder anstrengende oder beängstigende Gefühle gibt. Aber für alle gilt gleichermaßen, sowohl für den Lachanfall, den Wutanfall, die Sorgenspirale als auch für die Trauer: Gefühle gehen vorbei, sie kommen und gehen wie Wellen. Das akzeptieren zu können, ist manchmal schon tröstlich und beruhigend, weil dann irgendwann ein neues Gefühl kommt.

> **Gefühle wollen also erst mal gesehen und gefühlt werden. Und das Gute daran ist, egal wie schlimm sie sind, sie gehen vorbei.**

Dritte Strategie: Das Gedankenkarussell stoppen

Hier geht es um ein Rezept gegen negative Gedankenspiralen. Damit meine ich die Gedankenschleife, bei der Sie sich an irgendeinem Thema festbeißen, wie ein Terrier am Hosenbein, und einfach nicht loslassen. Und die Spirale dreht sich und dreht sich und dreht sich. Und Sie denken und denken und denken. Je weiter die Spirale gezogen wird, umso mehr dreht sie sich in die Tiefe und umso detaillierter wird der Schrecken und umso ausgemalter wird das Ganze. Wenn Sie das merken und dazu neigen, solche Spiralen zu drehen, dann können Sie Ihr Gehirn ein bisschen erziehen, wie in der Hundeerziehung, also mit kleinen, klaren, eindeutigen Kommandos. Dies funktioniert, indem Sie zum Beispiel einfach Stopp sagen, in dem Moment, wo die Spirale schneller wird. »Stopp, aus, pfui!« Was immer Ihr Lieblingswort ist. Ein kurzes und knackiges Kommando lässt das Gehirn erst einmal hinhören. »Ups, wir kriegen gerade das Kommando Stopp! Was heißt das denn jetzt?« Und dann haben Sie die Chance, als Regisseur Ihrer Gedanken einzugreifen und sie bewusst zu steuern. Sie sitzen nämlich im Driver Seat, Sie entscheiden, was Sie denken, ob Sie jetzt denken und wie viel Sie davon denken und wie lange Sie darüber nachdenken, und Sie können es mit diesem Kommando »Stopp« einfach beenden.

> Sie sitzen im Drivers Seat, Sie entscheiden, was Sie denken.

Eckhart Tolle hat als Autor mal diesen schönen Satz geprägt: »Wir sind nicht unsere Gedanken, wir sind nicht unsere Gefühle. Wir sind.« Also was immer Sie sind, Ihre Gedanken sind Sie nicht. Deshalb können Sie sie auch steuern. Das finde ich einen interessanten Grundgedanken, denn oft haben wir ja dieses ohnmächtige Gefühl. Es denkt mich und ich komme da überhaupt nicht wieder raus. Ich möchte stoppen, aber ich kriege es nicht hin. Es denkt mich einfach und ich bin dem ausgeliefert. Es gilt, sich in diesen Momenten klarzumachen: »Nein, nein, nein, es denkt mich gar nicht. Da hat gar nichts zu denken, solange *ich* es nicht will.« Also beenden Sie es, sobald Sie das merken, und steuern Sie dagegen.

Vierte Strategie: Gedanken wegsperren

Wenn Sie ein Thema haben, das sich nicht stoppen lässt und von dem Sie sagen »Das kostet mich so viel Kraft und diese Sorge macht mich so fertig, da kann ich jetzt nicht drüber nachdenken. Und ich muss es auch nicht, weil es im Moment akut keine Antwort von mir verlangt«, dann brauchen Sie Strategie Nummer vier.

Nehmen wir mal an, Sie sind in großer Sorge darüber, dass sich Ihre betagten Eltern mit COVID-19 anstecken könnten, oder Sie denken bereits im August darüber nach, wie Sie Weihnachten feiern werden, oder machen sich Sorgen, womit Sie die Preissteigerungen in Ihrem Budget kompensieren können. Gegen solche Gedanken, Sorgen, Nöte oder Ängste können Sie heute ja eigentlich nichts machen und müssen es auch gar nicht. Hierfür brauchen Sie einen sogenannten inneren Tresor, den Sie sich gedanklich bauen. Das Ganze funktioniert in Ihrer Fantasie, Sie brauchen dafür kein Heimwerker zu sein. Sie denken sich einen ganz sicheren Ort aus, wo nur Sie rankönnen. Das kann entweder ein Tresor sein, den Sie sich jetzt ganz konkret ausmalen. Ein Tresor mit einem Zahlenschloss mit einer ganz komplizierten Zahlenkombination, bei dem Sie dann diese Zahlen mit dem Rädchen drehen oder auch eintippen, falls Sie sich einen moderneren Tresor ausgedacht haben. Und erst wenn die Zahl stimmt, können Sie den großen Hebel öffnen. Ansonsten ist er fest verschlossen und niemand kommt ran. Sie können sich auch vorstellen, Sie hätten eine große schwere Piratenkiste, die Sie verschlossen auf den Meeresboden runterlassen. Je tiefer die Kiste sinkt, desto weiter ist sie weg. Oder Sie verstecken Ihre Piratenkiste in einer Höhle, die nur Sie kennen und die Sie mit einem ganz großen Stein verschließen. Es muss ein Ort sein, bei dem Sie sicher sind, dass das, was Sie da reinlegen, nicht von allein rauskann. Und in diesem Tresor – ich bleibe jetzt mal bei dem Tresorbild – liegen nun Ihre Gedanken, die Sie jetzt nicht denken wollen. Wenn Sie also sagen: »Dieses Thema ist jetzt zu groß für mich«, oder: »Nein, ich habe heute nicht die Kapazität, weil ich mich heute auf etwas ganz anderes konzentrieren muss«, oder: »Nein, es ist Wochenende. Ich kann die Dinge eh nicht ändern an diesen zwei Tagen, ich kann mich erst Montag wieder damit beschäftigen«, dann legen Sie diesen Gedanken in den Tresor. Öffnen Sie ihn also mit Ihrer Zahlenkombi, legen Sie den Gedanken, diese Sorge, diese Angst dort hinein und dann schließen Sie mit großem Knacken diese Tür wieder und verriegeln Sie sie oder rollen Sie den Stein davor. Tatsächlich funktioniert das ganz gut. Allein durch die Konzentration auf das Bild und diese Übung wird der Raum der Sorgen verringert, denn wir können nur eines zu einer Zeit denken. Sie können das regelmäßig trainieren.

Es empfiehlt sich für all diese Strategien, dass wir in guten Zeiten, wenn wir nicht gerade in einer hochemotionalen Lage sind, diese Dinge so weit trainieren, dass wir sie dann im Falle des Einsatzes tatsächlich beherrschen. Stellen Sie sich also immer wieder mal vor, Sie packen jetzt gerade mal einen Gedanken in den Tresor und schließen ihn. Üben Sie das so, dass es dann im Ernstfall auch klappt. Diese Technik funktioniert richtig gut – Sie wird auch in der Psychotherapie den Patienten im Sinne der Selbststeuerungskompetenz gegen Ängste und negative Gedanken vermittelt.

Fünfte Strategie: Gedanken ersetzen

Wir machen uns etwas zunutze, das wir aus der Hirnforschung wissen, und zwar, dass wir immer nur einen Gedanken zu einer Zeit denken können. Für mehr ist zeitgleich trotz dieses unglaublich komplexen Gehirns kein Platz. Das bedeutet, wenn Sie eine Gedankenspirale zu fassen haben oder ein Thema, das Sie sich wirklich detailliert mit viel Fantasie und großem Schrecken ausmalen, dann können Sie das beenden, indem Sie etwas anderes denken. Ein sehr beliebter Übungsgedanke sind Hundewelpen. Sie malen sich ein flauschiges, kleines, großäugiges, neugieriges, freundliches Wesen mit weichem Fell zum Kraulen aus und denken einfach das Wort »Hundewelpen«. Dann sagen Sie sich das ein paarmal hintereinander – »Hundewelpen, Hundewelpen, Hundewelpen« – und das flauschige Wesen entsteht vor Ihrem inneren Auge und blockiert so die Gedanken an den Schrecken, der Sie gerade noch erfüllte. Wenn Sie ein Gartenfreund sind, funktioniert natürlich auch »Kirschblüte, Kirschblüte, Kirschblüte« und Ihr

Gehirn kann nicht anders, als zarte weiße Blüten mit Staubfäden zu sehen und die Bienchen herumschwirren zu hören. Denken Sie also einfach ein bestimmtes Wort mit einem Bild dazu und versetzen Sie sich konkret hinein. Je konkreter Sie es sich ausmalen, umso leichter funktioniert es. Auch hier hilft Training. Wenn Sie oft innere Bilder, die Sie sich gerade nicht vorstellen mögen, zum Beispiel Ihren Vorgesetzten in Unterhose, was ja häufig gegen Nervosität vor Gesprächen empfohlen wird, durch *Ihr* Wort ersetzen, dann fällt es im Krisenmodus sehr leicht. In dem Moment können Sie nur diesen Gedanken denken und für die Sorgen oder Schreckensbilder ist kein Platz.

Probieren Sie diese Strategien aus und üben Sie sie. Dann werden sie bei Ihnen genauso gut funktionieren wie bei vielen anderen Menschen. Vor allem aber sollten Sie sich selbst ernst nehmen und diesen Ängsten und Sorgen überhaupt Platz geben. Schauen Sie sie einmal unter einem kleinen Lichtkegel an und tun Sie dann das Richtige mit ihnen.

Kapitel 6

Pausen – vier Strategien zur Nutzung einer unterschätzten Kraftquelle

Ein Phänomen, das aufgrund der ganzen Onlinearbeit immer mehr verschärft wird, ist das pausenlose Arbeiten. Wir hetzen von Online-Meeting zu Online-Meeting und im Home-Office geschieht das Essen nebenbei oder schwerpunktmäßig abends. Der Körper verspannt mehr und mehr. Orthopäden und Physiotherapeuten können davon im Moment immer mehr Geschichten erzählen. Die Kraft ist bis abends aus uns rausgesaugt, und die Abgrenzung zwischen Arbeit und Privatbereich verschwimmt immer mehr. Insbesondere dann, wenn man zu Hause nicht in einem abgeschlossenen Büro arbeitet, sondern mitten im eigentlich privaten Lebensbereich.

Pausen sind tatsächlich wichtig. Sie sind unsere Kraftquelle, gewissermaßen unser Lebenselixier, damit wir nach der Arbeit auch noch etwas vom Leben haben und eben nicht abends völlig leer nur noch in den Sessel sinken und die Augen nach hinten rollen lassen. Übrigens sagen viele Menschen in Befragungen, dass es total produktiv sei, durchzuarbeiten, und sie würden auch deshalb keine Pausen machen, weil Pausen den Ablauf stören. Richtig. Genau das ist der Sinn von Pausen. Pausen sollen bewusst unterbrechen, was wir eigentlich tun, damit wir hinterher wieder mehr Energie haben für das, was wir tun. Pausenlos zu arbeiten, macht also nicht nur nicht gesund, sondern auch nicht wirklich glücklich.

» Pausen sollen bewusst unterbrechen, was wir eigentlich tun, damit wir hinterher wieder mehr Energie haben für das, was wir tun.

Wie sind wir Menschen aufgebaut? Wir bestehen aus pulsierenden Zellen, in denen ganz viel Wasser unterwegs ist. Und diese Zellen ziehen sich zusammen und öffnen sich vom Pulsschlag unseres Herzens, von der Anspannung und Entspannung in einem Rhythmus wie Ebbe und Flut. Täglich rund um die Uhr, immer wiederkehrend, ganz gleichmäßig. Nur deutlich schneller als Ebbe und Flut. Pausen sind wichtig, weil wir uns ähnlich wie eine Qualle immer wieder zusammenziehen und auseinanderdehnen. Dieses Pulsieren, diesen Rhythmus von Spannung und Entspannung sollten wir auch im Leben vollziehen. Deswegen ist der Schlaf so wichtig. Er legt eine tiefe Pause zwischen zwei Tage – wenn wir Glück haben und trotz der Anspannung noch gut schlafen können.

Hier kommen ein paar Vorschläge zum Nachmachen oder erst mal darüber Nachdenken, damit Sie auch abends nach der Arbeit noch etwas vom Leben und die Energie haben, sich etwas Privates vorzunehmen für den Abend und das Wochenende, und nicht schon so weit runtergefahren sind, dass Sie lieber alle privaten Dinge, die Ihnen früher Spaß gemacht haben, zur Seite schieben und sagen: »Nee, ich muss erst mal zusehen, dass ich für morgen wieder fit werde.« Was kann man tun? Vier Strategien für Pausen habe ich insgesamt vorbereitet.

Erste Strategie: Die Augen entspannen

Augenpausen sind sehr empfehlenswert. Unsere Augen sind erheblich belastet durch Bildschirmarbeit, Smartphones, den Blick aufs Tablet und die Anspannung, die in der Körperhaltung und der engen Fokussierung auf Buchstaben und Zahlen liegt. Zusätzlich belastet sind die Augen durch den Blaulichtanteil dieser Geräte. Unsere Augen stehen also unter erheblicher Anspannung. Was wir tatsächlich ganz einfach tun können, ist Folgendes. Das hat jetzt noch nichts mit Pause zu tun, die kommt gleich. Was wir auf jeden Fall tun sollten, ist, die Augen checken zu lassen und zu schauen, ob wir uns durch eine sogenannte Computerbrille unterstützen können, die auf die Entfernung zum Bildschirm eingestellt ist und dann ein bisschen die Augen entlastet.

Apropos Einstellung von Bildschirm und Augenabstand: Wenn Sie am Laptop arbeiten, achten Sie bitte darauf, dass Sie das Laptop oder den Bildschirm des Laptops auf Augenhöhe hochbringen und sich eine externe Tastatur zulegen. Das brauchen wir allein schon für den Nacken, den Hals und die Schultern, aber auch für die Augen.

Und nun kommen wir zu den Pausen, zunächst zu den Augenpausen. Nutzen Sie zum einen ganz bewusst den Weitblick, schauen Sie also aus dem Fenster. Vielleicht haben Sie in Ihrer Wohnumgebung auch irgendwo ein Fenster, wo sie wirklich weit schauen können, und sei es in den Himmel oder die Wolken. Wenn Sie ins Weite gucken, kann sich die Augenmuskulatur entspannen.

Dann gibt es eine schöne weitere kleine Übung. Für die müssen wir als Brillenträger erst mal die Brille abnehmen. Sie heißt Palmieren – vom englischen Wort *palm* für Handfläche. Sie funktioniert wie folgt: Sie wölben Ihre Handflächen jeweils zu einer kleinen Höhle, etwa so, dass Sie in die Handfläche ein Ei legen könnten, ohne dass es herunterrollt. Diese kleine Höhle legen Sie jeweils über ein Auge. Damit verdunkeln Sie Ihre Augen und geben die Wärme der Handfläche ab. So bleiben Sie vielleicht 1 bis 2 Minuten. Wissenschaftler haben herausgefunden, diese kleine Übung entspannt gleichermaßen und gleichzeitig die gesamte Gesichtsmuskulatur. Das merken Sie sofort, wenn Sie die Hände sinken lassen und in den Spiegel schauen, das Gesicht ist total entspannt. Dieser Entspannungsimpuls weitet sich dann im Körper aus.

Zweite Strategie: Bewegte Pausen

Von den Augen dehnen wir den Horizont jetzt auf den Körper aus und machen Bewegungspausen. Bewegungspausen brauchen wir insbesondere, wenn wir viel vor dem Bildschirm sitzen oder, noch schlimmer, vor der Videokamera. Denn ganz instinktiv sitzen wir durch die Fokussierung auf das Bild und die Konzentration auf das Gegenüber und darauf, was wir vielleicht sagen oder hören, wie festgetackert da. Beobachten Sie sich oder andere einmal dabei. Nacken, Schultern und Kopf sind wie festgeschraubt, als ob man sich vor der Kamera gar nicht bewegen dürfte. Selten sitzt man ganz normal oder entspannt, wie man es am Konferenztisch oder am eigenen Besprechungstisch tun würde. Das heißt, Nacken, Schultern und Kopf sind die Regionen, die wir besonders in die Bewegung einbeziehen sollten. Aber im Grunde gilt das für die ganze Wirbelsäule. Und da gibt es alle möglichen Übungen. Wenn Sie Yoga machen, wunderbar, dann wissen Sie besser Bescheid als ich. Ansonsten hilft es schon, schlicht den Nacken zu dehnen, nach links und rechts. Das ist auf jeden Fall sehr sinnvoll, weil man sofort merkt, wie viel Spannung da drinsitzt und wie verkürzt sich die Nacken- und Schultermuskulatur anfühlt. Lassen Sie den Kopf mit dem Ohr Richtung Schulter sinken, zu beiden Seiten, aber nicht mit Kraft oder gar Gewalt. Es geht um ein leichtes Dehnen, bis es leicht zieht. Wenn Sie den Kopf maximal haben sinken lassen, können Sie noch das Kinn ein bisschen nach unten ziehen in Richtung Brustbein. Dann merken Sie, dass da ja noch richtig Platz ist – da lässt sich noch was dehnen.

Ebenso hilfreich für zwischendurch ist sowohl das klassische Schulterkreisen, abwechselnd nach hinten oder nach vorn, als auch die Schultern bewusst hochzuziehen, ganz hoch, kurz zu halten und dann mit Schwung fallen zu lassen. Auch das wären so Bewegungspausen, die Sie jederzeit nutzen können: zwischen zwei Calls oder während Sie darauf warten, dass alle das Bild und den Ton anhaben – einmal noch kurz Ihre Videokamera ausschalten und dann einmal noch diese Minute nutzen, die Sie haben. Wenn wir uns vorstellen, dass wir das zehnmal am Tag machen würden, nur so kleine Übungen, dann geht es uns nicht nur physiologisch tatsächlich besser, sondern wir merken vor allen Dingen, wenn wir oder dass wir verspannen. Dieses Signal überhaupt noch wahrzunehmen – hier zieht's, da ist kein Platz und hier ist irgendwas fest –, ist überaus nützlich, damit sich gar nichts erst chronisch als Schmerz und als Problemzone aufbaut.

Ebenso lohnend ist es, vom Schreibtisch und von der Kamera aufzustehen und sich hinzustellen. Immer mehr Menschen arbeiten inzwischen mit höhenverstellbaren Schreibtischen. Man zappelt dann manchmal ein bisschen viel im Video, was den Gesamteindruck stört und vielleicht Ihr Gegenüber, aber für die eigene Gesundheit ist es unterstützend.

Wenn Sie also aufstehen, können Sie auf jeden Fall von unten anfangen, Ihre Wirbelsäule zu bewegen, indem Sie die Hüfte und das Becken einfach mal vor- und zurückwippen lassen, also praktisch die Lendenwirbelsäule lang und kurz machen. Dann machen Sie oben mit der Brustwirbelsäule weiter, indem Sie sie vor- und zurückwölben. Sie können auch einmal versuchen, sich um die eigene Achse zu drehen. Lassen Sie dazu im Stehen den Oberkörper nach links und rechts schwingen. Allein das zu schaffen, ein paarmal am Tag, hätte schon eine enorme Wirkung für den Wechsel zwischen Anspannung und Entspannung. Es sorgt in der Folge dafür, dass Sie in der entspannten Zeit, wie zum Beispiel nach dem Arbeiten, auch besser tatsächlich entspannen können. Denn wenn all diese Spannungen im Körper bleiben, fällt das Runterkommen und Runterfahren auch entsprechend schwerer.

Wenn Sie längere Pausen machen, ist Bewegung im Sinne von Gehen natürlich wunderbar. Das Gehen hilft, wenn Sie zum Beispiel im Kopf feststecken und über irgendetwas grübeln, eine Antwort oder eine Lösung für ein Problem suchen. Dann ist das »um den Block gehen« tatsächlich eine super Therapie und eine super Methode, um wieder auf Ideen zu kommen. Dazu können Sie dann die beiden Arme bewusst schwingen, entgegengesetzt zu den Beinen – wie man halt geht, aber mit mehr Schwung in den Armen. Das koordiniert beide Gehirnhälften und sorgt dafür, dass Sie wieder zu guten Gedanken kommen. Oft fällt einem wirklich beim Gehen auch etwas ein. Selbst zehn Minuten Gehen am oder über den Tag verteilt helfen Ihnen außerdem, Ihren Organismus herunterzufahren.

Dritte Strategie: Essen und Trinken in den Tag einbauen

Es geht um Essenspausen und das Trinken. Beides wird enorm vernachlässigt, entweder aus Zeitmangel oder aus Unlust oder aus beidem. Natürlich ist es angenehmer, in die Kantine gehen zu können oder mit Kollegen zum Bistro um die Ecke, als sich zum Beispiel im Home-Office selbst versorgen zu müssen. Aber es nützt ja nix, es kommt ja keiner. Schauen wir also, was Sie tun können – ebenfalls als schaffbares Minimum-Programm.

Trinken Sie nach jedem Meeting oder in jedem Meeting ein großes Glas Wasser, am besten ohne Kohlensäure, denn die belastet den Organismus nur zusätzlich. Ein großes Glas Wasser oder ein Tee ohne Teein wäre als Ritual schon mal wunderbar umzusetzen, wenn Sie es an ein Videogespräch oder andere Meetings koppeln. Nach jedem Meeting sagen Sie Prost und dann gibt es ein Glas Wasser auf ex. Man sagt, etwa 200 Milliliter in der Stunde sind gut zu verarbeiten. Sie trinken also entweder in einem Zug ein Glas Wasser nach einem Meeting oder auch in kleinen Schlucken während des Meetings und verknüpfen diese Vorgänge zu einem festen Ritual in Ihrem Kopf, dann vergessen Sie das Trinken nicht so leicht. Das kriegt man irgendwie hin. Die Trinkmenge ist tatsächlich für uns, für unser Gehirn richtig wichtig, denn wir sind zu 90 Prozent aus Wasser gebaut, und je mehr wir trinken, umso leichter fließt alles. Und damit meine ich auch die Gedanken, also die ganzen Verbindungsübertragungen von unseren Funkzellen, die unsere Gedanken und den Zugang zum Wissensvorrat ermöglichen. Alles vernetzt sich besser, wenn es in Flüssigkeit gebettet ist. Sie merken, dass Sie zu wenig getrunken haben, auch häufig daran, dass Sie Kopfschmerzen bekommen.

Wichtig ist ebenfalls, dass Ihre Getränke ohne Zucker sind. Das heißt, Säfte, gesüßt Gefertigtes oder auch Cola und Co fallen aus, denn getrunkener Zucker fordert die Leber erheblich. Sie muss den Zucker, der flüssig zugeführt wird, blitzschnell irgendwie verarbeiten. Und was Zucker mit dem Gehirn macht, haben wir weiter oben gesehen.

Kommen wir zum Thema Essen. Es wäre gut, etwa alle drei bis vier Stunden zu essen, wenn richtiger Hunger da ist. Aber werden Sie den Hunger überhaupt wahrnehmen? Es gibt viele Menschen, die merken gar nicht, dass es Zeit ist, etwas zu essen. Also etwa alle drei bis vier Stunden wäre es gut. Und auch dabei gilt: Versuchen Sie, den Zucker zu vermeiden und lieber Nüsse statt Gummitiere zu vernaschen. Zucker macht uns schnell nervös und hungrig, sorgt für eine Achterbahnfahrt des Blutzuckerspiegels und erzeugt auf Dauer Nebenwirkungen. Jeder Weg zum Kühlschrank oder zu der Box, wo die Süßigkeiten schon weit weg von Ihnen versteckt sind, ist einer zu viel. Zu

Hause verlockt Süßes einen noch viel mehr als im Büro. Entweder hat man so etwas gar nicht vorrätig oder hat Kollegen gebeten: »Sag mir Bescheid, wenn ich an das Glas gehe, um mir auf die Finger zu hauen.«

Wenn Sie im Home-Office arbeiten wollen oder müssen, wäre es folglich gut, wenn Sie sich etwas Richtiges zu Essen vorbereiten, damit Sie nicht spontan auch noch einkaufen und kochen müssen. Es sei denn, Sie sagen: »Kochen ist für mich ganz entspannend.« Dann gratuliere ich Ihnen. Daran arbeite ich noch, das werde ich in diesem Leben wohl nicht mehr erreichen. Aber wenn Sie sich damit etwas Gutes tun, indem Sie sich entspannen können, beim Gemüseschneiden oder beim Fisch-in-irgendwas-Wälzen, ist das wunderbar. Ob Sie sich diese Ruhe und die Zeit mitten im Tagesfluss herausschneiden und wirklich freinehmen können, ist dann noch die Frage. Bekommen Sie das mental hin und können es organisieren? Etwas Gesundes einmal am Tag möglichst mittags zu essen, wäre hilfreich, sehr gern auch eine Mahlzeit am Tag warm.

Vierte Strategie: Bewusst Feierabend machen

Jetzt geht es um die große Pause zwischen den Tagen, die man früher ganz schlicht Feierabend nannte. Ja, Feierabend war einfach. Man ging nach Hause, man hatte kein Handy, man ließ alles am Arbeitsplatz und auch die Gedanken auf dem Weg nach Hause und hatte dann richtig frei. Das ist seit der Einführung des Smartphones schon nicht mehr so richtig realistisch, aber seit dem Home-Office ist es noch schwieriger, sich abzugrenzen. Es kann Ihnen helfen, wenn Sie Ihrem inneren System wirklich eine Abgrenzung zwischen Arbeitszeit und Freizeit signalisieren, damit Ihr Gehirn weiß: »Ach so, wir sind immer noch im selben Raum (nehmen wir mal an, Esstisch oder Küche über den ganzen Tag), aber jetzt haben wir frei. Hm, okay, merken wir aber irgendwie gar nicht.«

Hilfreich sind hierbei Rituale, zum Beispiel den Arbeitsplatz abzudecken, also ein Tuch drüberzulegen, oder alles wegzupacken und in eine Kiste oder ein kleines Schränkchen zu sperren. Wenn Sie das

Glück haben, zu Hause einen Büroraum zu haben, können Sie die Tür schließen, Arbeitsgegenstände aus der Sicht nehmen und das Ganze wirklich bis morgen beenden. Sie können auch laut vor sich hin sagen: »Tschüss Büro, bis morgen!« Idealerweise liegt dort auch das Handy für den Job, sodass Sie wissen: Da ist die Arbeit, und hier ist jetzt wirklich frei. Unter dem Tuch liegen Laptop, Kamera, Handy und alles, was Sie im Job brauchen. Und außerhalb des Tuches ist private Zeit, privater Raum, Essplatz und Platz zum Spielen. Zur Abgrenzung ist es sehr sinnvoll, da für sich einen Weg zu finden.

Was Sie dann dazu noch brauchen, ist eine Strategie, um diese große Pause, den Feierabend hinzukriegen; der Versuchung zu widerstehen, am Abend noch mal die Mails zu checken oder kurz etwas zu arbeiten. Es sei denn, Sie haben Dienst oder Bereitschaftsdienst. Oder Sie haben für drei Stunden »Feierabend« gemacht, zwischendurch, um die Kinder zu beschulen, abzuholen, zu betüteln und zu bespielen. Und dann fangen Sie abends noch mal an und Sie haben den echten Feierabend deutlich später und wahrscheinlich auch in deutlich größerer Erschöpfung.

Für alle anderen gilt es, eine Selbstdisziplin aufzubauen und wirklich eine Grenze zu ziehen, um noch Platz fürs eigentliche Leben zu haben. Der erste Schritt zu einer Veränderung, wenn Sie diese überhaupt wollen, wäre es, sich selbst zu beobachten und zu fragen: Welches Gefühl habe ich in dem Moment, wo ich mich abends doch noch oder wieder für die Arbeit entscheide?

» Welches Gefühl habe ich in dem Moment, wo ich mich abends doch noch oder wieder für die Arbeit entscheide?

Was steigert am Abend die Versuchung, doch schnell noch mal etwas zu erledigen? Vielleicht haben Sie Langeweile oder Sorge vor dem Stress am nächsten Tag. Oder Sie haben das Gefühl, nicht gut genug gewesen zu sein. Oder es ist eine willkommene Ausrede gegenüber der anstrengenden Familie oder die gute Vorlage, sich mit der Arbeit sogar eine Auszeit zu nehmen, weil Arbeiten entspannender ist als drei unterforderte und körperlich nicht ausgetobte Kinder zu betreuen. Machen Sie sich das bitte einmal bewusst und schauen Sie, ob Sie auch in der freien Zeit ohne Arbeit zu Ihrem Recht und Ihrer Ruhe kämen. Könnten Sie vielleicht auch ohne die abendliche Arbeit, ohne schlechtes Gewissen sein, oder der Langeweile entfliehen, indem Sie etwas anderes tun? Womit oder wodurch würden Sie sich weniger langweilen? Oder wen würden Sie jetzt gerne treffen, sodass Sie ein verlockendes Etwas haben, was Sie von der Arbeit wegtreibt und woanders hintreibt?

Wenn die Arbeit verlockender ist als der Rest, dann ist es schwierig. Es lohnt sich, darüber nachzudenken. Was erschwert mir abends die große Pause?

Bevor wir uns dann nach dem Feierabend in die nächtliche Pause verabschieden, brauchen wir noch ein paar Schritte: Etwa 30 Minuten vor dem Ins-Bett-Gehen sollte man alle »Blaulichtgeräte« wie Smartphones, Tablets, Computer und TV-Geräte ausschalten. Ein Fernseher ist auch wegen der schnellen Zeichenwechsel ungünstig. Das gepixelte Fernsehbild, das ja im Hintergrund ständig in Bewegung ist, können wir nur durch die Konzentration unseres Gehirns als nicht flimmernd und als ein Bild wahrnehmen.

Vor dem Schlaf sollte es uns gelingen, wirklich zur Ruhe zu kommen. Schalten Sie deshalb eine halbe Stunde vorher alle technischen Dinge aus oder in den Flugmodus, sodass auch das Gehirn im Unterbewussten weiß: »Hier kann nichts mehr klingeln und brummen, es wird uns niemand stören. Wir haben jetzt tatsächlich frei.« Idealerweise verbannen Sie diese Geräte aus dem Schlafraum und begeben sich dann zur Nacht.

KONKRETE STRATEGIEN FÜR BESTIMMTE FÜHRUNGSSITUATIONEN

Teil 2

Kapitel 7

Fünf Gründe, warum es sich für Sie lohnt, eine gute Führungskraft zu sein

Erinnern Sie sich noch an den Moment Ihrer ersten Beförderung, als man Ihnen antrug, ein Team oder eine Abteilung, eine Filiale, eine Niederlassung zu übernehmen? Was waren Ihre Gefühle? Stolz, Aufregung, Dankbarkeit im Angesicht dieser Ehre, die man Ihnen übertragen hat? Haben Sie das damals mit anderen geteilt oder gar gefeiert? Haben Sie es überall herausposaunt und erzählt: »Hey, ich wurde befördert! Wie cool ist das denn?« Und konnten sich andere mit Ihnen freuen, oder wurden Sie eher bedauert? Sich an diese Gefühle von damals zu erinnern und sich noch einmal zurückzuversetzen, wie man es wahrgenommen hat, eine Führungsrolle übertragen bekommen zu haben, hilft uns heute, wenn wir vielleicht schon viele Jahre in der Führungsrolle sind, um daraus ein bisschen Kraft zu schöpfen. Wir wissen, dass das Thema Führung immer anstrengender geworden ist – ohne Frage. Sekretariate oder Assistenzfunktionen wurden abgeschafft. Die meisten Führungskräfte erledigen sehr viel Administratives mit dem Smartphone rund um die Uhr so nebenbei und sind den ganzen Tag über in Meetings oder in Gesprächen mit Mitarbeitenden, bevor sie dann abends irgendwann zu ihrer eigentlichen Arbeit kommen. Das führt dazu, dass sich manche Führungskraft heute fragt, warum sie diesen Job eigentlich immer noch macht und wo die Kraft noch herkommen soll. Menschen zu führen, diese Verantwortung zu übernehmen, scheint immer unbeliebter zu werden, was wirklich bedauerlich ist. Kraft aus diesem Gefühl zu ziehen, das man damals hatte, also aus dieser positiven Erinnerung, die mit positiven Gefühlen besetzt ist, lohnt sich also auf jeden Fall.

Wenn Sie sich mal wieder fragen, was Sie den ganzen Tag gemacht haben, während Ihr Büro durchweg von Leuten besetzt war, die etwas von Ihnen wollten, bevor Sie endlich zu Ihrer Arbeit kamen, habe ich einen kleinen praktischen Tipp: Vergleichen Sie das, was Sie heute schaffen, nicht mit früheren Messgrößen, wie Stapel von links nach rechts bearbeiten, schwierige Fälle lösen, etwas verkaufen oder woran auch immer Sie sich vorher gemessen haben. Sagen Sie sich heute stattdessen: »Ich habe heute geführt!« Wenn ständig Menschen bei Ihnen waren, Sie rund um die Uhr jemandem geholfen, Rat gegeben, Prioritäten gesetzt und Fragen beantwortet haben, dann haben Sie geführt.

» Wenn ständig Menschen bei Ihnen waren, Sie rund um die Uhr jemandem geholfen, Rat gegeben, Prioritäten gesetzt und Fragen beantwortet haben, dann haben Sie geführt.

Wenn wir es schaffen, positiv auf diese Führungsrolle zu schauen, sind wir automatisch in einer positiven Grundhaltung Mitarbeitenden gegenüber. Und es lohnt sich, sich immer wieder selbst zu verdeutlichen: Wir machen diese Rolle freiwillig und immer noch gern. Niemand zwingt uns. Wer jedoch tatsächlich das Gefühl hat: »Das ist echt nicht meins. Geht es nicht bitte auch ohne Menschen?«, sollte prüfen, ob für ihn eine Expertenkarriere in dem Unternehmen oder in einem anderen Unternehmen möglich ist. Wenn einen die Auseinandersetzung mit Menschen quält oder es einen anstrengt, Interesse für Menschen aufzubringen, dann ist eine Expertenrolle ohne Mitarbeitende und Teams wahrscheinlich die bessere Wahl. Inzwischen erkennen viele Unternehmen, dass es gut ist, eine Expertenkarriere parallel zur Führungskarriere anzubieten. Mir ist bewusst, dass das immer noch die Ausnahme ist. Aber es tut sich etwas, und das ist gut so. Denn was eine Expertenkarriere braucht, um als gleichwertig zu einer Führungskarriere wahrgenommen und überhaupt in Erwägung gezogen zu werden, ist eine genauso gute Ausstattung mit Firmenwagen, Gehalt, Bonus und ähnlichen Möglichkeiten. So sind manche in der Vergangenheit mehr oder weniger »gezwungen worden«, eine Führungslaufbahn anzunehmen, obwohl sie diese eigentlich nicht wollten. Aber es war der einzige Weg, an ein gutes Gehalt zu kommen. Nach dem Motto »Ich war jung und brauchte das Geld«.

Wenn wir uns jetzt anschauen, was die Bedeutung von Führung ist und wie wirkungsvoll sie zum Unternehmenserfolg beiträgt, lässt sich Folgendes sagen: Führung hängt unmittelbar mit Produktivität, Kundenorientierung und Loyalität der Mitarbeitenden zusammen. Unter Loyalität laufen übrigens auch die Fehlzeiten, also Arbeitsunfähigkeitszeiten, die bei denen höher ausfallen, die deutlich weniger Bindung ans Unternehmen haben. Es gibt auch eine messbare Korrelation zwischen erhöhten Fehlzeiten und guter oder eben nicht so guter Führung. Jedes Jahr veröffentlicht das US-amerikanische Gallup Institut den jährlich gemessenen Engagement-Index. Dafür misst es die emotionale Bindung, die Mitarbeitende an ihr Unternehmen haben, und vergleicht diese dann international. Für Deutschland sah die Zahl im Jahre 2020 so aus: Rund 15 Prozent der Mitarbeitenden hatten eine hohe emotionale Bindung. Das sind diejenigen, die gewissermaßen mit zwei erhobenen Daumen über die Flure huschen und sagen: »Hey, ich liebe meinen Job, ich liebe meinen Chef, ich liebe, was ich tue.« Rund 15 Prozent hatten eine *negative* emotionale Bindung an ihren Arbeitgeber. Das sind diejenigen, die mit zwei erhobenen Mittelfingern über die Flure huschen. Meistens huschen sie nicht, sondern schleichen. Und das sind die Mitarbeitenden, die für jede Menge Schäden verantwortlich sind, materielle Schäden, Qualitätsschäden, Sabotage, Vermögensschäden. Auch für überhöhte Fehlzeiten ist die Gruppe derjenigen, die eine negative emotionale Bindung haben, verantwortlich. Der Rest, also knappe 70 Prozent, sind dann diejenigen, die keine emotionale Bindung haben, und das sind Mitarbeitende, die sagen, es sei okay, hier zu arbeiten, aber sie könnten sich genauso gut vorstellen, woanders tätig zu sein. Diese Gruppe macht im besten Sinne des Wortes Dienst nach Vorschrift, was völlig okay ist. Vielleicht sind es auch Menschen, die sich eindeutig dazu bekennen, zu arbeiten, um zu leben, und deren Selbstverwirklichung nicht im Job, sondern in der Freizeit stattfindet. Das ist wunderbar – nicht jeder muss rund um die Uhr zwei Daumen hochhalten. Man muss nur aufpassen, dass sich aus diesem Normalbereich kein roter Bereich entwickelt, und man kann eben im oberen Drittel dieser großen Gruppe prüfen, wen man in die »Daumen-hoch-Kategorie« motivieren kann.

Mitarbeiterbefragungen, und da können Sie nehmen, welche Sie wollen, sagen immer das Gleiche aus: Die Punkte, die für Mitarbeitende zählen und sie zu mehr Leistung, Produktivität, Kundenorientierung bewegen, sind Wertschätzung und mitgenommen zu werden. Sie wollen also verstehen, was läuft und wo die Firma hinwill – was vielleicht sogar das Ziel oder die Vision ist. Sie wollen den Kontext, aber auch die Sinnhaftigkeit einer Aufgabe begreifen. Selbst wenn ich den ganzen Tag Sand von links nach rechts schaufeln muss, ist es toll zu wissen, warum. Wenn mir dann einer erklärt: »Versetzt diesen Berg bitte drei Meter nach rechts, weil wir morgen genau unter diesem Berg Sand ein Loch bohren wollen«, dann ist mein Tun sinnvoll. Dieses Mitnehmen ist ein ganz großer Trigger für Motivation und ein weiterer ist natürlich auch, als Mensch gesehen zu werden. Hier spielt mein krankes Kaninchen eine Rolle. Darf ich erzählen, dass es mich fertigmacht, dreimal die Woche mit dem Häschen zum Tierarzt zu laufen? Gibt es dafür Raum? Oder interessiert es jemanden, dass mein Kind gerade in einer schwer erziehbaren Phase ist und ich zu Hause am Rad drehe? Darf ich das im Job loswerden? Und hat das einen Platz?

> **Die Punkte, die für Mitarbeitende zählen und sie zu mehr Leistung, Produktivität, Kundenorientierung bewegen, sind Wertschätzung und mitgenommen zu werden.**

Natürlich ist bei aller Wertschätzung und Menschensehen die faire Bezahlung eine Grundlage. Wir wissen, dass Menschen tatsächlich auch für Geld ihren Job wechseln, nachvollziehbarerweise im unteren Lohnbereich. Aber es muss wirklich betont werden: Es sind nur diejenigen, die im unteren Bereich liegen, oder wo das Angebot eines Wettbewerbers des jetzigen Unternehmens so unverschämt und unangemessen hoch ist, dass Widerstand schwierig wird. Wer zum Beispiel im Mindestlohn unterwegs ist, freut sich natürlich über einen Euro mehr die Stunde. Das ist richtig viel Geld, und man würde bereit sein, dafür auch seinen Job zu wechseln. Für alle anderen ist Geld weder der Wechsel- noch der Motivationshebel schlechthin, sondern alles das, was eigentlich kein Geld kostet, sondern nur unsere Aufmerksamkeit.

Ein weiterer Punkt, warum Führung so wichtig ist, ist, dass wir in Deutschland in einem Arbeitnehmermarkt leben. Arbeitnehmermarkt bedeutet, dass die Arbeitnehmer den Arbeitgebern mehr oder weniger die Bedingungen diktieren, unter denen sie vielleicht bereit wären, bei ihnen zu arbeiten. Das sehen Sie heute wunderbar in Bewerbungsinterviews. Da hat sich richtig was gedreht in den letzten Jahren. Die Fragen nach Sabbaticals, Teilzeit und Weiterbildung sind alle nicht mehr auf der Tabuliste, wie noch 15 bis 20 Jahre vorher. Es gab früher Bewerbungsratgeber, da stand drin: Fragen Sie bloß nicht nach Urlaub, Freizeit und Altersversorgung. Das ist heute ganz anders, nur sind viele Führungskräfte noch auf dem Stand der alten Ratgeber und ihrer eigenen damaligen Prägung. Die Arbeitnehmer stellen Bedingungen, sie haben große Wunschlisten, die sie mitbringen. Der Magnet, der helfen kann, gute Leute zu finden, ist gute Führung, denn danach wird tatsächlich auch gefragt.

Ein weiterer Grund für gute Führung: Mitarbeitende, die gehen, hinterlassen immer eine Lücke. Denn leider kündigen ja nicht die, von denen wir uns sehnlichst wünschen, dass sich ein Erdloch auftue und sie verschwinden mögen. Nein, es kündigen meistens die, wo wir sagen: »Ach du Schande!« Da geht Know-how verloren, da geht Motivation mit raus, da gehen vielleicht Kunden mit raus. Das geht gar nicht. Wir wissen aus zahlreichen Untersuchungen, und das hat das Gallup Institut auch noch mal unterstrichen, dass Mitarbeitende nicht ein Unternehmen verlassen, sondern ihre Vorgesetzten. Und das könnten in diesem Fall ja Sie sein. Insofern profitieren Sie selbst von Ihrem guten Führungsverhalten. Hier folgen also die fünf Gründe für Sie im Überblick, warum es sich lohnt, eine gute Führungskraft zu sein:

- **Erster Grund:** Mitarbeitende werden immer anspruchsvoller. Wenn Sie gute Leute für Ihr Team gewinnen möchten, ist es angebracht, eine gute Führungskraft zu sein, denn Sie sind der erste Anziehungspunkt im Bewerbungsinterview. Insofern sollten Sie auch diesen Praxistipp bedenken: Bitte schicken Sie Ihre besten Leute in die Recruitinginterviews und nicht die, die am meisten Zeit haben. Be-

> Bitte schicken Sie Ihre besten Leute in die Recruitinginterviews und nicht die, die am meisten Zeit haben.

werbungsgespräche sind heute eher ein Verkaufsgespräch, und zwar des Unternehmens. Wenn Sie gute Leute gewinnen wollen, lohnt es sich, gute Führungsbenotungen zu bekommen, beispielsweise in den Arbeitgeberbewertungsforen wie Kununu. Wie oft wird da über Führungskräfte gelästert? Wenn erst einmal etwas Kritisches über Ihr Unternehmen, Ihr Team oder gar Sie selbst vermerkt wurde, wird es schwieriger, Bewerber zu überzeugen.

- **Zweiter Grund:** Je besser die Mitarbeitenden sind, die Sie rekrutieren, umso besser ist es für Sie. Denn richtig gute Mitarbeitende bringen richtig gute Leistung, und damit auch Erfolg. Und deren Erfolg, deren neue Ideen, deren Innovation, vielleicht auch deren Motivation fallen auf Sie zurück und strahlen auf die ganze Abteilung ab. Davon profitieren Sie unmittelbar.
- **Dritter Grund:** Führung ist der entscheidende Hebel, um den Unternehmenserfolg zu gestalten. Auch das wissen wir aus zahlreichen Untersuchungen. Wenn Produktivitätskennzahlen zum Beispiel mit Mitarbeiterzufriedenheit gematcht wurden, dann gab es eine hohe Korrelation. Das heißt, wenn Sie von Ihren Mitarbeitenden Produktivität und Loyalität möchten, dann sorgen Sie mit Ihrer guten Führung für gute Geschäftsergebnisse und Umsätze. Das wiederum zahlt direkt ein in Ihren Bonus oder Ihr variables Gehalt oder letztendlich mindestens, falls Sie ein Festgehalt haben, in Ihr Image.
- **Vierter Grund:** Führungsleistung wird immer öfter gemessen. In manchen Unternehmen wird sie inzwischen sogar ein Bonus-Bestandteil. Es ist interessant zu beobachten, wie sich das langsam entwickelt. Jenseits der Umsatz-, Ergebnis- und Vertriebsorientierung gibt es inzwischen auch in vielen Unternehmen Führungsziele in Zielvereinbarungen. Die Erkenntnis, dass es sich lohnt, Führungskräfte auch fürs Führen variabel zu bezahlen, setzt sich hier und da schon durch.

- **Fünfter Grund:** Der letzte Grund für »gute Führung« dient Ihnen ganz unmittelbar, denn ein starkes und motiviertes Team kann Sie richtig gut entlasten. Je besser es zwischen Ihnen und Ihren Mitarbeitenden läuft, umso geschmeidiger ist alles – umso mehr Zeit haben Sie für Ihre eigentlichen Aufgaben und damit sogar für Ihr Leben. Das könnte Grund genug sein, um zu reflektieren, wo Sie Ihre Führungsleistung noch erweitern, mehr glänzen lassen und optimieren können.

Kapitel 8

Drei Strategien, um in Zeiten von Krisen oder Veränderungen präsent zu sein

Führung ist besonders in bewegten Zeiten wichtig. Damit meine ich in diesem Kontext entweder Krisenzeiten, so wie wir sie in Sachen Corona hatten, oder aber auch Veränderungszeiten innerhalb eines Unternehmens. Letzteres reicht von großen Veränderungen der Arbeitsweise, zum Beispiel mit künstlicher Intelligenz, neuen Abläufen und neuen IT-Tools, über die Verschmelzung von Firmen bis hin zu Restrukturierung, Kurzarbeit und allem, was man sich sonst so an ernsthaften Themen vorstellen kann.

In solchen Zeiten kommt es noch mehr auf Führung und präsente Führungskräfte an als sonst schon. Um das innere Zielbild gemeinsam herzustellen, machen wir jetzt zusammen eine kleine Übung. Welche Bilder haben Sie vor Ihrem inneren Auge, wenn Sie Folgendes lesen: Jemand steuert ein Kreuzfahrtschiff durch unruhigen Seegang in dunkler Nacht. Stellen Sie sich diese Person im schwersten Sturm vor. Jemand fliegt einen Airbus A380 durch Turbulenzen und hinten qualmt es in der Maschine. Stellen Sie sich die Person vor. Und das dritte Beispiel: die Chefarztvisite. Welchen Film sehen Sie vor Ihrem inneren Auge?

Jetzt schauen wir uns mal an, was Sie wahrscheinlich gesehen haben. Die Trefferquote ist so groß, dass ich eine Wette eingehen könnte: Haben Sie einen Mann gesehen, weiß, vielleicht deutlich älter als 45? Volles Haar, graue Schläfen? Von der Statur her war er wahrscheinlich größer als 1,81 Meter, hatte ein breites Kreuz und eine relativ gute Figur. Und wenn Sie sich jetzt ein bewegtes Bild davon machen – wie bewegt sich und agiert diese Person, wenn Sie sich zum Beispiel den Kapitän auf der Brücke vorstellen? Für uns Frauen ist das schon mal die schlechte Nachricht: Fast niemand sieht bei diesen drei Berufsbildern eine Frau oder einen Mann mit Migrationshintergrund, der vielleicht nur 1,65 Meter groß ist. Ein weißer Mann scheint bei uns immer noch archetypisch hinterlegt zu sein, trotz zahlreicher mächtiger Frauen in der Politik. Diese Bilder sind aber zu jung, um sich in uns einzugraben. Ein Mann steuert uns durch Krisen, durch eine stürmische See und durch alles, was man so erleben kann. Das heißt für uns, dass dies das innere Bild ist, mit dem wir verglichen und abgeglichen werden. Und insofern gehen Tipps für Frauen in Führungsrollen ja meistens auch in genau die Richtung: die Stimme tief, das Kreuz breit. Wenn wir schmal sind und kleine Kleidergrößen tragen, dann wählen wir lieber etwas mit Schulterpolster, um uns ein bisschen aufzuplustern. Im doppelten Sinne machen wir keine hektischen Schritte, haben keine Singstimmen, keine Hektik in der ganzen Gestik, sondern sind ernsthaft und möglichst nicht zu jung. Und wer jung als Führungskraft ist, ist ebenfalls etwas gekniffen an dieser Stelle, weil wir den Kapitän, den Airbuspiloten, den Chefarzt mit hoher Wahrscheinlichkeit nicht in einem Alter von Ende zwanzig gesehen haben. Auch wenn es sein könnte, dass er das beste Kapitänspatent gemacht hat. Wenn diese Berufsausübenden viel Erfahrung mitbringen, ist uns das lieber, es trägt zur Beruhigung bei.

Diese Bilder sind geprägt durch zahlreiche Filme, Bücher, Romane, Heldengeschichten und natürlich auch durch all das, was wir im öffentlichen Leben im Rahmen unserer Sozialisierung gesehen haben. Daher reicht es noch nicht, dass wir über anderthalb Jahrzehnte eine Kanzlerin hatten. Es reicht nicht, dass die EZB-Chefin seit Jahren eine Frau ist oder auch die EU-Präsidentschaft von einer Frau wahrgenommen wird. Hilft nix. Die Männer sind in uns innerlich hinterlegt als diejenigen, die uns durch schweres Gewässer führen. Für Männer und Frauen gilt in dieser Rolle und in einer Krisenzeit also, dass dieses Bild das Zielbild ist.

Insofern gibt es einen Dreiklang, den wir uns jetzt mal anschauen, den man natürlich auch ohne graue Haare und unter 45 gut abbilden kann. Er besteht aus Ruhe, Präsenz und – ich benenne es heute mal mit dem schönen alten Wort – Wahrhaftigkeit. Dieses Wort hört man nur noch sehr selten. Und ich erkläre jetzt noch mal, was ich mit diesen drei Punkten meine und wie Sie sie konkret im Alltag umsetzen können.

Erste Strategie: Ruhe ausstrahlen

Wir haben im bewegten Bild gesehen: Der Kapitän fuchtelt nicht herum, der Airbus-A380-Pilot rennt nicht nach hinten durch die Maschine, wenn es qualmt, sondern geht mit gemessenen Schritten, als sei alles in bester Ordnung. Und die Chefarztvisite folgt einem immer noch gängigen Ritual von jemandem, der vorausschreitet, sich am Krankenbett Bericht erstatten lässt und das Ganze dann mit gewichtiger und bedächtiger Miene knapp kommentiert und dazu weise nickt.

Ruhe auszustrahlen, heißt in diesem Kontext also Folgendes: Es beginnt, wie Sie bei Ihren bewegten Bildern im Kopf gesehen haben, mit der Körpersprache. Langsam gehen, aber auch nicht schleichen. Also energisch gehen und die Sache im Griff haben. Nicht trippeln, keine hektischen kleinen Tick-tick-tick-Schritte, sondern eher etwas gemessen im Gang, dazu eine aufrechte Haltung. Im doppelten Sinne wichtig finde ich besonders die Haltung bei Führungskräften in Krisenzeiten. Zum einen heißt es: Wir sind aufrecht in der Achse, in der Senkrechtachse des Körpers, das Kinn erhoben, die Brust breit gemacht, die Schultern runtergezogen. Dadurch hat man schon mal viel richtig gemacht. Wir stehen mit beiden Beinen und wackeln in der Längsachse nicht hin und her, sondern stehen wirklich sehr stabil. Das ist schon mal eine Haltung, die Ruhe ausstrahlt. Wir zappeln nicht herum. Wir haben eine Gestik, die eher ab der Gürtellinie aufwärts anfängt und eher gemessen ist und bedächtig rüberkommt. Aber auch da kippt es dann schnell: nicht so gemütlich und körperlich und mimisch so wenig bewegt wie ein Erzähl-Opa oder ein Bundeskanzler mit offenbar zu hoch dosierten Medikamenten. Irgendwo liegt dann Ihre eigene körpersprachliche Wahrheit.

Ruhe strahlen wir natürlich auch bei unserer Kommunikation aus. Was hier besonders wichtig ist: Bitte erst denken und dann reden. Das würde man mancher Führungskraft gerne sowieso ins Buch schreiben, aber in Krisenzeiten gilt es ganz besonders. Hören Sie sich vorher mal an, was Sie sagen wollen. Lassen Sie sich Feedback geben für die Worte, die Sie wählen. Ihre Reden in Krisenzeiten, Ihre Ansprachen, und seien es nur Teamansprachen, werden auf die Goldwaage gelegt. Denken Sie deshalb vorher darüber nach, welche Bilder Sie bedienen. Machen Sie eine Kriegssprache auf? Reden Sie martialisch daher – »wir werden angreifen«, »wir werden sie fertigmachen«, »wir werden nicht untergehen«? Solche Formulierungen führen dazu, dass sich die Zuhörenden erschrecken. Menschen möchten abgeholt und in Krisenzeiten eher beruhigt werden. Wir benötigen also eine sachliche Sprache, die aber trotzdem auf die emotionale Lage Ihres Gegenübers eingeht.

> Menschen möchten abgeholt und in Krisenzeiten eher beruhigt werden. Wir benötigen also eine sachliche Sprache, die aber trotzdem auf die emotionale Lage Ihres Gegenübers eingeht.

Zweite Strategie: Präsenz zeigen

Der zweite Punkt betrifft die Präsenz, die in Krisenzeiten oder bei anstehenden Veränderungen richtig wichtig ist. Mir ist bewusst, dass Sie gerade in Restrukturierungs- oder Veränderungszeiten in einem Dilemma stecken. Auf der einen Seite sind Sie gebunden in tausend Meetings, Besprechungen und Calls rund um das Thema der Krise, vielleicht sind Sie sogar noch Teil einer Projektgruppe, die sich um Lösungen kümmert. Und zum anderen werden Sie gebraucht, und zwar mit voller körperlicher Präsenz. Ihre Sichtbarkeit auf den Fluren, in den Werkshallen und überall, wo man Sie sehen kann, ist nötig. Allerdings in 3D und nicht nur wie auf einer Videoleinwand. Wie fühlt es sich an, Ihnen zu begegnen? Haben Mitarbeitende dabei das Gefühl, dass Sie die Lage im Griff haben und es Ihnen gut geht? Strahlen Sie Zuversicht und Tatkraft aus? Hat man das Gefühl, Sie sind stabil, mental und körperlich gesund? Auch das ist im Moment ein wichtiges Thema, denn niemand wünscht sich eine kränkelnde und angeschlagene Führungskraft, die einen durch eine Krise führt. Alle wollen jemanden, der sich und sein Leben im Griff hat. Selbstverständlich ist das nicht immer der Fall, wie wir alle wissen. Denn wir sind Menschen, auch unser Leben kennt Höhen und Tiefen, und unser Körper zeigt seine Grenzen auf. Vielleicht haben Sie parallel noch eine andere Krise laufen oder sind vollkommen erschöpft. Das spielt aber leider keine Rolle. Hier sind also im Sinne der Präsenz ein bisschen Schauspieltalent gefragt und die Fähigkeit, sich zusammenzureißen und auf den Punkt zu performen. Das ist schwer, aber machbar. Das heißt für die Sichtbarkeit: Räumen Sie sich in Ihrem Outlook-Kalender Zeitfenster ganz bewusst frei, in die Sie sich dann wirklich als Termin reinbuchen: »Wandern«, »Werkshalle begehen« oder »Niederlassungen besuchen«, wie auch immer Sie es bezeichnen wollen. Manchmal reicht es auch schon, bei offener Tür im Büro zu sitzen und Ablage zu machen, oder etwas, bei dem Sie leicht und gern gestört werden können.

Warum ist Präsenz so wichtig? Damit Sie niedrigschwellig erreichbar sind. Denken Sie an all die Mitarbeitenden, die sich eben nicht unbedingt jetzt einen Termin beim Chef holen, um ihre Fragen loszuwerden oder zu erzählen, wie es ihnen gerade geht oder wie das Gehörte bei ihnen nachwirkt. Aber wenn man Sie »zufällig« auf dem Gang trifft, Sie »zufällig« an der Maschine vorbeigehen oder »zufällig« als Gast in ein Meeting reinkommen, dann habe ich die Chance, Sie »mal eben kurz« etwas zu fragen und etwas loszuwerden. Und das ist toll. Diese Anfassbarkeit brauchen Sie.

Zur Präsenz gehört ein weiterer Punkt, nämlich wach und fokussiert zu sein. Nichts wäre in solchen Zeiträumen schlimmer als unkonzentrierte, fahrige, innerlich abwesende Vorgesetzte, denen man seine Zukunft anvertrauen muss. Wir möchten nicht, dass der Kapitän – um dieses Bild noch einmal zu beleihen – beim schlimmsten Sturm auf seinem Handy »rumdaddelt«, während sich seine Ingenieure überlegen, wie die Maschinen einzustellen sind. Es ist unschwer zu erkennen, dass ich mich nicht mit der Seefahrt auskenne. Aber das macht nichts, Sie wissen, was ich meine. Wir möchten auch nicht hören, dass der Kapitän sagt: »Ja, nee, weiß ich jetzt auch nicht. Muss ich mal rausfinden.

Ich kümmer' mich drum.« Wir möchten stattdessen, dass er wach und fokussiert ist, dass er sich konzentriert, wenn er mit uns spricht, und wenn er uns zuhört, dass er dabei voll im Augenkontakt ist und den Eindruck erweckt, er sei ganz bei der Sache, denn es geht um etwas.

» Für die meisten Menschen, die Ihnen anvertraut sind, geht es in der Krise um viel. Für manche gefühlt um alles.

Für die meisten Menschen, die Ihnen anvertraut sind, geht es in der Krise um viel. Für manche gefühlt um alles.

Dritte Strategie: Wahrhaftigkeit leben

Kommen wir zum dritten Punkt, der Ihnen hilft, Präsenz in Krisenzeiten zu zeigen, nämlich zur Wahrhaftigkeit. Wahrhaftigkeit bedeutet für mich, wenn man das Wort mal auseinandernimmt, Dinge sollten wahr sein und Sie haften für das, was Sie sagen. Was ich damit meine, ist, dass Sie in Krisen nicht nur überlegen, was Sie sagen (was wir gerade schon ausgeführt haben), sondern auch dass Sie die Menschen nicht belügen. Sie müssen nicht alles sagen, was Sie wissen. Das dürfen wir oft ja auch gar nicht. Manchmal gibt es noch eine Sperrfrist oder wir wollen nicht alle schon in Angst und Schrecken versetzen, weil wir selbst noch keinen Plan haben. Wir müssen nicht alles sagen, was wir wissen, aber alles, was wir sagen, muss wahr sein. Denn das Vertrauen der Ihnen anvertrauten Mitarbeitenden hängt auch von Ihrer Glaubwürdigkeit ab. Je glaubwürdiger Sie sind, umso entspannter kann ich weiter als Mitarbeiterin meiner Arbeit nachgehen und darauf vertrauen, dass Sie mir als Führungskraft schon Bescheid geben werden, wenn es etwas Neues gibt, was für mich wichtig ist. Insofern ist diese Glaub-

» Wir müssen nicht alles sagen, was wir wissen, aber alles, was wir sagen, muss wahr sein.

würdigkeit in Krisenzeiten eine ganz wichtige Geschichte, die häufig nicht genug reflektiert wird. Wer einmal lügt, dem glaubt man nicht. Das ist tatsächlich auch hier bedeutend.

Unter Wahrhaftigkeit verstehe ich zusätzlich noch den Punkt, dass wir loyal zum Unternehmen und zu den getroffenen Entscheidungen stehen. Natürlich sind häufig nicht alle Entscheidungen so getroffen worden, wie wir sie getroffen hätten, wenn wir in der Verantwortung gewesen wären. Und natürlich finden wir manches verbesserungs-, änderungs- oder diskussionswürdig. Wichtig ist jedoch: In dem Moment, wo wir rausgehen und zu unseren Mitarbeitenden sprechen, diese informieren, abholen, mitnehmen, ist Schluss mit der Diskussion darum, »*ob* etwas gemacht wird« – die Entscheidung ist getroffen. Uns bleibt nur noch das *Wie*, das wir mitgestalten können, und uns bleibt als Teil einer Führungsmannschaft auch, dazu zu stehen, was entschieden wurde, und loyal diese Entscheidung mitzutragen. Alle Kommentare wie »Na ja, mich hat ja keiner gefragt und ich hätte es ja ganz anders entschieden«, verkneifen wir uns eleganterweise. Das können wir denken, das können wir auch beim Feierabendbier mit den Kollegen auf gleicher Ebene besprechen. Aber für die Teams ist es einfach leichter, wenn sie nur eine Geschichte hören und diese Geschichte von Ihnen genauso klingt wie von der Unternehmensleitung. Alles andere würde zur Verwirrung führen und den Mitarbeitenden keine Stabilität und Orientierung geben. Ein Diskussionsforum sollte man sich lieber woanders und vor allem *vor* dem Treffen einer Entscheidung suchen. Alles hat seine Zeit, zu dem Zeitpunkt, wenn eine getroffene Entscheidung verkündet wird, ist die Diskussion darüber leider vorbei.

Wenn Sie diese drei Punkte berücksichtigen, werden Sie sehen, dass das Führen durch Krisen und Veränderungszeiten sehr geschmeidig laufen kann. Um das jedoch alles leisten zu können, brauchen Sie irgendwo eine Steckdose, an der Sie persönlich auftanken, und vielleicht auch einen kollegialen Sparringspartner, mit dem Sie sich auf gleicher Ebene austauschen, über das, was Sie vorhaben, was Sie sagen wollen und wie Sie vorgehen wollen, um die maximale Sicherheit ausstrahlen zu können. Denkbar ist hier auch der eigene Chef.

Kapitel 9

Zehn Punkte, die gesunde Führung ausmachen

In diesem Kapitel reden wir nicht über Ihre Gesundheit, sondern darüber, was Sie als Führungskraft tun können, damit Ihre Mitarbeitenden gesund bleiben. Vor allen Dingen konzentrieren wir uns heute auf die Frage der psychischen Gesundheit. Das Thema ist aufgekommen, weil im Rahmen des Arbeitsschutzgesetzes inzwischen neben der Gefährdungsanalyse von Arbeitsplätzen seit 2014 auch die psychische Gefährdung am Arbeitsplatz untersucht wird und seitdem auch immer wieder ein Thema ist. Gleichzeitig kümmern wir uns auch deshalb um dieses Thema, weil die Anzahl der psychischen Erkrankungen von Mitarbeitenden und ganzen Belegschaften mittlerweile so stark gestiegen ist, dass wir es in den letzten zehn Jahren »geschafft haben«, dass sich psychische Erkrankungen auf Platz 3 der Krankschreibungsgründe aller großen Krankenkassen vorgearbeitet haben. Also richtig hochgerobbt, könnte man sagen. Man müsste sich als Arbeitgeber darüber nicht so viele Sorgen machen, wenn es eine Krankheit wie jede andere wäre. Eine psychische Erkrankung beinhaltet jedoch unter anderem den großen Unterschied, dass sie im Schnitt auf eine Dauer von 39 Tagen Arbeitsunfähigkeit kommt, während die normale Erkältung oder der normale »Rücken« mit einer Woche zu Buche schlägt. Das heißt also, wir haben hier acht Wochen Krankschreibung plus Wiedereingliederung, vielleicht über Monate. Erschwerend kommt noch hinzu, dass sehr viele danach auf Teilzeit gehen oder eben nicht mehr so belastbar sind, wie sie es vielleicht vorher dachten zu sein. Ob sie es wirklich waren, ist eine andere Frage.

Darüber hinaus gibt es einen Zusammenhang zwischen guter Führung im Sinne von »Was macht eine gute Führungskraft aus?« und der

Gesundheit der Teams, die sie führt. Tatsächlich sinken manchmal die Arbeitsunfähigkeitsquoten in einem Bereich, der sehr viele Fehlzeiten hat, wenn wir den Chef austauschen, und umgekehrt steigen dort die Fehlzeitenquoten, wo dieser Chef hingesetzt wird. Das heißt, der Zusammenhang zwischen guter Führung und psychischer oder auch physischer, psychosomatischer Belastung von Mitarbeitenden oder auch der Fehlzeitenquote als Reaktion auf Verhalten des Chefs oder der Chefin sind sehr gut belegt.

Aus diesen Gründen kümmern wir uns um die folgenden zehn Punkte, die helfen können, die psychische Belastung Ihrer Mitarbeitenden niedrig zu halten, zu reduzieren oder gar nicht erst aufkommen zu lassen. Im Idealfall. Inhaltlich verdichtet fließt jetzt alles ein, was die Berufsgenossenschaften mit Zigtausenden, wahrscheinlich sogar Millionen Datensätzen in den psychischen Gefährdungsanalysen erhoben haben. Es gibt also einige Punkte, von denen man weiß, dass sie zur Erkrankung beitragen und den Stresslevel ungesund erhöhen. Und es gibt auf der anderen Seite Punkte, die dabei helfen, gesunde Teams zu haben.

1. Punkt: Vernünftiger, unbefristeter Arbeitsvertrag

Das beginnt mit einem grundsätzlichen Blick auf den vertraglichen Rahmen: Ewige Befristungen, Kettenarbeitsverträge oder auch eine Beschäftigung im prekären Bereich unterhalb des Mindestlohns und unterhalb aller vernünftigen Mindeststandards sorgen eindeutig nicht für eine gute psychische Gesundheit, sondern dienen eher dazu, dass Mitarbeitende sich viel zu viele Sorgen machen müssen über das Morgen und Übermorgen, über ihre berufliche Zukunft, vielleicht sogar über ihre Existenz und das Ernährenkönnen ihrer Familien. All diese Themen werden dann in den Job hineingetragen und führen dazu, dass diese Mitarbeiter psychisch viel stärker belastet sind als diejenigen, die vernünftige, unbefristete Verträge in ganz normalem Rahmen haben.

2. Punkt: Reduktion übermäßiger Arbeitslast

Unter die Reduktion übermäßiger Arbeitslast fällt alles, was Sie tatsächlich beeinflussen können oder zumindest auch besprechen können. Es gehören also die Themenmenge, Zeitdruck, Unterbrechungen am Arbeitsplatz mit der Folge, immer wieder rausgerissen zu werden, aber auch die Berechenbarkeit von Abläufen dazu. Grundsätzlich sollte die Arbeit in der normalen vertraglichen Arbeitszeit, die vereinbart wurde, zu schaffen sein. Es kann da immer Ausreißer und Spitzen geben oder auch das Saisongeschäft. Und man weiß vielleicht, dass ein bestimmter Monat immer besonders heftig ist, weil dann versucht wird, den ganzen Jahresumsatz noch ordentlich aufzupolieren, oder denken Sie an das Weihnachtsgeschäft im Einzelhandel. Aber grundsätzlich, über das Mittel im Jahr sollte die Arbeit in der Arbeitszeit geschafft werden können. Ist das nicht der Fall, hat man sowieso den Anlass, mit dem Mitarbeitenden zu sprechen und zu klären, woran das liegt und sich als Führungskraft zu kümmern. Dann geht es entweder darum, umzuverteilen oder jemanden auszubilden, damit er mehr leisten kann, oder eben auch die persönliche Seite zu klären, woran ein möglicher Leistungsabfall liegen und was da heraushelfen könnte.

3. Punkt: Mitbestimmung bei der Arbeitsausübung

Arbeitnehmende brauchen Kontrolle über die Art der Ausübung ihrer Arbeit. Denken wir an jemanden, der, sagen wir mal, am Fließband steht und immer die gleichen Teile in einem bestimmten Tempo durch das Fließband getaktet anfasst, bewegt und immer die gleiche Bewegung macht, und das auch noch im Schichtdienst. Er selbst kann weder bestimmen, wann er was macht, noch wann er Pause macht oder wann er seine persönliche Verteilzeit nimmt. Eine Sirene in der Werkshalle sorgt dafür, dass die Bänder stehen und alle Pause machen. Oder nehmen wir jemanden, der im Callcenter im Schichtdienst arbeitet. Er muss eine Mindestzahl Anrufer schaffen, und auf dem Monitor steht genau, was er zu sagen hat. In solchen Konstellationen gibt es tatsächlich extrem wenig Kontrolle über die Art der Ausübung der Arbeit, und das bedeutet automatisch tendenziell eine höhere psychische Belastung. Gesunde Führung wäre hier, dass Mitarbeitende mitbestimmen können, zum Beispiel in welcher Reihenfolge sie ihre Arbeit erledigen oder auch, welche Prioritäten sie setzen, wie sie sie vielleicht mit Ihnen vereinbaren und eventuell umschichten können oder auch, mit welchen Mitteln und auf welchem Weg sie zum Ziel einer vereinbarten Arbeitsleistung kommen. Je mehr Mitbestimmung über die Frage »Wie arbeite ich?« möglich ist, umso gesünder ist es für Arbeitnehmende.

» Je mehr Mitbestimmung über die Frage »Wie arbeite ich?« möglich ist, umso gesünder ist es für Arbeitnehmende.

4. Punkt: Klares Erwartungsmanagement

Ein deutliches Erwartungsmanagement trägt zur psychischen Gesundheit bei. Das heißt, Mitarbeitende sollten zum einen die Funktion ihres Arbeitsplatzes verstehen. Wofür ist mein Job da? Wie ist er in der Prozesskette mit anderen Jobs eingebunden und so weiter? Zum anderen sollten Mitarbeitende die Erwartung der Führungskräfte an sie kennen. Was ist meine Verantwortung? Wofür bin ich zuständig und was darf ich allein entscheiden? Wer muss bei uns im Team was tun? Diese Leitplanken zu setzen, diese Verantwortlichkeiten zu klären und lieber einmal zu häufig als einmal zu wenig auszusprechen, wären ein großer Beitrag für gesunde Führung.

5. Punkt: Sinnvolle Arbeit

Es ist wichtig, den Sinn der Arbeit zu verstehen. Warum mache ich das? Warum gibt es diese Tätigkeit überhaupt? Warum ist das wichtig für den gesamten Unternehmenserfolg? Wie zahlt meine Arbeit in den gesamten

Kontext ein, und warum soll ich etwas von A nach B schaufeln? Grundsätzlich gehört zum gesunden Führen, den Mitarbeitenden den Sinn ihrer Arbeit zu vermitteln, egal wie schlicht die Aufgabe ist. Einfach nur zu sagen: »Mach das mal, weil ich es dir sage!«, ist hier die schlechteste Variante und dient eindeutig nicht der Gesundheit von Teams.

6. Punkt: Weiterbildung

Weiterbildungsmöglichkeiten sind Teil einer gesunden Führung, und zwar Weiterbildung so zu gestalten, dass Überforderung vorgebeugt werden kann oder, wenn sie schon vorhanden ist, eingedämmt werden kann. Nehmen wir mal an, Sie haben eine neue IT-Landschaft eingeführt, neue Software aufgespielt, neue Technologien, neue Prozesse und Abläufe installiert. Dann ist es absolut gesundheitsfördernd, jeden da abzuholen, wo er steht und ihn wirklich aufzuschlauen, bis jeder verstanden hat, wie das geht. Denn das ständige Gefühl von Unsicherheit oder die Frage »Wie macht man das, und wie war das nochmal?« und die Selbstzweifel »Ich kann das immer noch nicht« machen eher krank als gesund. Weiterbildung heißt nicht unbedingt, dass es Seminare sein müssen und externe Buchungen. Das kann auch am Arbeitsplatz durch Learning by doing passieren oder durch die Einarbeitung durch Kollegen, durch Abschauen oder irgendwo an der Seite sitzend. Möglich ist es auch durch interne Paten, die gern ihr Wissen weitergeben, oder durch internen Know-how-Transfer in Teambesprechungen, ganz niedrigschwellig. Das Ziel ist es, die Überforderung zu vermeiden oder einzudämmen, wenn sie schon da ist.

7. Punkt: Anerkennung

Hier geht es wieder um Ihr Verhalten als Führungskraft. Lob und Anerkennung für gute Arbeit haben nachgewiesenermaßen einen großen Anteil an gesunder Führung. Vielleicht sagen Sie jetzt: »Wie jetzt? Der kriegt ja auch Geld dafür. Soll ich ihn auch noch loben?« Ja, wir hatten ja auch schon mal an anderer Stelle herausgearbeitet, dass Geld allein nicht reicht. Das macht bekanntlich nicht nur nicht glücklich, sondern die Motivation über Geld, weiß man inzwischen auch, ist nach zwei, drei Monaten spätestens verflogen, egal wie hoch die Gehaltserhöhung oder Prämie war. Das heißt, was wirklich gesundheitsfördernd ist, ist ein Klima, in dem gute Arbeit auch gesehen wird. Dieses Sehen ist schon der erste Teil, ein wichtiger Teil der Wertschätzung. Und das dann auch noch auszusprechen, ist genau das, was hiermit gemeint ist. Im Umkehrschluss bedeutet das: Das schwäbische »Net g'schimpft ist g'nug g'lobt« reicht nicht, sondern es muss gesehen, anerkannt und ausgesprochen werden. Das ist der Punkt.

8. Punkt: Arbeitsklima der gegenseitigen Unterstützung

Zu gesunder Führung gehört es auch, als Führungskraft ein Klima zu erzeugen, das von gegenseitiger Unterstützung lebt. Das kann sowohl die Unterstützung vonseiten anderer Kollegen auf gleicher Ebene sein, also innerhalb eines Teams, als auch die Unterstützung durch Sie als Vorgesetzte. Es geht um ein Klima, in dem es möglich ist zu sagen: »Ich weiß nicht, wie es geht, und komme nicht weiter«, »Ich habe hier drei Fragen und einen Knoten im Kopf« oder »Ich bin völlig fertig und muss ein bisschen umschichten. Ich brauche Hilfe!«. Ist man grundsätzlich erst mal willkommen, wenn man so etwas ausspricht, ohne als Loser abgestempelt zu werden? Und bekommt man dann eine Antwort wie: »Hey, klar, wie können wir dir helfen?« Das wäre die Kultur, die hilfreich ist im Sinne von gesunder Führung.

9. Punkt: Proaktives Konfliktmanagement

Spannungen, Konflikte bis hin zum klassischen Mobbing rechtzeitig zu erkennen, anzusprechen und dann angemessen zu managen, ist eine ganz klare Führungsaufgabe. Es geht darum, Konfliktparteien an einen Tisch zu holen und zu merken, dass da etwas am Brodeln ist. Woran merkt man, dass Mitarbeitende nicht miteinander können? Wie weit sitzen die in Meetings auseinander? Wer fällt wem ins Wort? Wer versucht, wem auszuweichen? Wer zieht sich insgesamt immer mehr vom Team zurück? Wer wird immer cholerisch und verschreckt dadurch die Stilleren? All das verursacht unterschwellig Spannungen und Konflikte, für deren Lösung Sie zuständig sind. Es können auch klassische Konflikte zwischen Abteilungen sein, Spannungen in der Prozesskette. Nehmen wir mal das Thema Außendienst und Innendienst. Die einen glauben, ohne sie würde sich die Welt gar nicht drehen, und die anderen meinen: »Aber wenn wir hintenrum nicht alles wegmachen und wegmanagen würden, was ihr vorne einfach verkauft und versprecht, dann würdet ihr auch nichts zum Verkaufen haben.« Solche Konflikte gibt es naturgemäß schon durch die Prozesse. Ihr Job im Sinne gesunder Führung ist es, dafür zu sorgen, dass diese Konflikte vernünftig ausgetragen werden, dass man sie ansprechen darf und keine dicke Luft entsteht. Je klarer also die Luft ist, je freier man atmen kann, je besser ein Problem aus dem Weg geräumt ist und je offener man es auch einfach ansprechen darf, umso besser und gesünder ist es.

10. Punkt: Emotionale Inanspruchnahme auffangen

Dieser Punkt betrifft die sogenannte emotionale Inanspruchnahme, so heißt es in den besagten Gefährdungsanalysen. Emotionale Inanspruchnahme von Mitarbeitenden bezeichnet zum Beispiel den Umgang mit Kunden. Nehmen wir mal an, Sie sind an der Rezeption im Hotel und müssen immer freundlich sein, egal wie ätzend der Kunde, der Gast, Sie behandelt. Oder Sie arbeiten mit anstrengenden Patienten in der Pflege oder mit Schwerstkranken im Hospiz. Sie sind demzufolge mit hohen Belastungen belegt, mit ständigem Tod vielleicht, Krankheit, Ansteckungsgefahr. Als Polizistin sind Sie zum Beispiel Gewalt und Aggression ausgesetzt. Bei hoher emotionaler Inanspruchnahme bedeutet gesunde Führung, dafür zu sorgen, dass diese aufgefangen werden kann, dass sie thematisiert wird, dass sie überhaupt gesehen und auch wertgeschätzt wird im Sinne von »Ich weiß, was du durchmachst, ich sehe das. Möchtest du darüber reden?« Das Angebot, darüber sprechen zu können, das Angebot, nicht alles mit sich allein ausmachen und ertragen zu müssen und auch Angebote wie Supervision und Ähnliches, die es ja in diesen Berufen häufig gibt, sind hier unbedingter Bestandteil gesunder Führung.

Sie können, wenn Sie sich diese zehn Punkte anschauen, natürlich auch mal den Spiegel umdrehen und sich fragen: »Wenn ich so auf meinen Job schaue und darauf, wie ich von meinem Vorgesetzten, meiner Vorgesetzten geführt werde, wie geht es mir eigentlich zu all diesen Punkten?« Wenn Sie bei vielen Punkten sagen: »Oh, das kenne ich auch, darunter leide ich auch total!« oder »Das ist genau mein Thema!«, dann haben Sie schon einiges herausgefunden, wodurch Sie vielleicht psychisch belastet sind, und können sich fragen, ob Sie das selbst aufgelöst bekommen oder Hilfe brauchen, entweder externer Art oder im Team. Oder Sie bringen das Ganze mal in einer Teambesprechung auf den Tisch oder sprechen es im Vertrauen mit Ihrem Vorgesetzten an.

Wenn psychische Belastungen lange anhalten und gleichzeitig ein hoher Stresslevel herrscht, in Form hoher Arbeitsbelastung und Arbeitsverdichtung, und dann womöglich noch privat irgendetwas hinzukommt, ist es manchmal zu viel. Und bevor das ganze Ding hochkocht und Sie gegen die Wand laufen, wäre es gut, rechtzeitig innezuhalten und gegenzusteuern. Der sogenannte Burnout ist sonst nicht mehr weit.

Kapitel 10

Mein Team will nicht so, wie ich es will – mögliche Ursachen und Strategien für das Managen von Widerstand

Sie haben richtig tolle neue Ideen für Veränderungen oder Neuerungen – finden Sie jedenfalls? Nur leider springt der Funke nicht über, und es liegt irgendwie Widerstand in der Luft. Sie möchten Mitarbeitende wieder zurück ins Office holen, nachdem so viele Monate das Home-Office hinter allen liegt? Aber viele wollen nicht so recht. Sie haben einen tollen Vorschlag, die Organisationsstruktur zu verändern, oder möchten jemandem ein Projekt übertragen? Doch er oder sie sträubt sich wie ein Hund an der Leine, der nicht mitwill – Sie ziehen und die Krallen kratzen auf dem Asphalt. Dann ist es Zeit, sich mit dem Thema Widerstand zu beschäftigen und einen Blick auf die Ursachen zu werfen, die hinter dem Thema liegen. Denn Widerstand kommt nie von allein, sondern hat meistens gut begründete Ursachen. Schlüpfen Sie also einmal in die Schuhe Ihres Gegenübers, und schauen Sie sich mal an oder arbeiten Sie mit offenen Fragen heraus, was das sein könnte und vor allem, worum es *eigentlich* geht.

Psychologen sagen, Widerstand komme als Schutz des bedrohten Sinnzusammenhangs daher. Das klingt erst mal schlau und heißt so viel wie: Der Sinn einer Veränderung oder eines Themas muss klar sein. In dem Moment, wo das Warum und das Wohin sich nicht mehr selbst erklären oder nicht erklärt wurden, kommt automatisch Widerstand und die Menschen gehen nicht so gerne weiter. Der Widerstand selbst hat im Prinzip drei Ursachenfelder. Sie sind sehr unterschiedlich geartet, unterschiedlich schwer zu bedienen und aufzulösen.

- **Erste Möglichkeit**: Jemand versteht es intellektuell von der Faktenlage her nicht und kann den Zusammenhang inhaltlich nicht nachvollziehen. Möglicherweise fehlt ihm oder ihr die entsprechende Schul- oder Berufsausbildung als Grundlage dafür. Wir adressieren als Führungskräfte ja letztlich ein gesamtes Unternehmen, mit einer großen Spannbreite von Wissen und Bildung.

- **Zweite Möglichkeit:** Jemand will nicht. Das Nicht-Wollen hat verschiedenste Ursachen, die wir gleich genauer anschauen.
- **Dritte Möglichkeit:** Es geht darum, dass man Ihnen nicht glaubt. Ihre eigene Glaubwürdigkeit steht im Fokus, und das kann heißen, dass Ihre Argumente oder Ihre Form des Vortrags nicht überzeugen oder gar, dass man mit Ihren Aussagen oder Versprechungen schon schlechte Erfahrungen gemacht hat. Das wäre die schwierigste Konstellation.

Wenn wir uns die drei Möglichkeiten im Einzelnen noch mal anschauen, sind sie, bezogen auf die Lösung, sehr unterschiedlich. Denn »nicht verstehen« kann man ganz gut auflösen, indem man es noch einmal erklärt, mit anderen Worten sagt, vielleicht visualisiert, vormacht, zeigt oder in der Praxis noch mal ausführt. Die Verständnisfrage lässt sich also auflösen, selbst wenn wir manchmal dafür sprachlich größere Wege gehen müssen. Diese Ursache ist lösbar.

Wenn jemand nicht will, ist das ebenso lösbar, weil wir herausfinden können, warum er nicht will, um dann mit ihm auch darüber zu sprechen, was er denn braucht, *damit* er will. Wir werden uns nachher noch genauer anschauen, wie diese Variante lösbar ist.

Schwieriger und eigentlich nicht lösbar ist die Frage des Nicht-Glaubens, denn das lässt sich ja nicht einfach verordnen. Wenn man Ihnen als Führungskraft nicht mehr glaubt, hat das einen Grund. Entweder sind Sie schon mal vor einen Karren gespannt worden und haben etwas erzählt, was am Ende nicht wahr war. Oder Sie haben eine Zielsetzung ausgegeben, die völlig überhöht war. Das hat man dann hinterher herausgefunden. Oder Sie predigen einen völlig anderen Weg als den, den Sie selbst gehen. Oder Sie haben Ihr Team schon mal vorgeführt, verraten, auflaufen lassen oder was auch immer man sich dazu vorstellen kann. In dem Moment, wo ein Team seiner Führungskraft nicht mehr glaubt, haben wir als Unternehmensleitung auch ein Problem. Eine solche Führungskraft muss eigentlich ausgetauscht und auf ein anderes Team oder in ein anderes Unternehmen gesetzt werden. Denn Glaubwürdigkeit ist ein Gut, das relativ schwer wieder zu reparieren ist, wenn es erst einmal richtig beschädigt wurde.

Daher ist es so wichtig für Sie, darüber nachzudenken, an welchen Punkten Sie sich vielleicht vor einen Karren spannen lassen. Wohinter können Sie wirklich nicht stehen? Wo werden Ihre eigenen Werte massiv angekratzt? Das Thema der eigenen Glaubwürdigkeit ist ein bisschen wie die weiße Weste. Wenn die Weste erst mal beschmutzt ist, dann haben Sie ganz schlechte Karten in Ihrem Team. Nur wenige Flecken gehen wieder heraus – um im Bild zu bleiben. Für alle folgenden Veränderungen wird es damit ungleich schwerer. Insofern achten Sie darauf, dass Ihre Weste weiß bleibt, wo immer Sie es können. Manchmal gibt es Auflagen oder Ansagen von noch weiter oben, bei denen man sehr schnell die Wertefrage für sich klären muss: Kann oder will ich unter diesen Voraussetzungen weitermachen? Es gilt dann, Wege zu finden, ein Projekt zu übernehmen, ohne es als seines zu verkaufen und dabei trotzdem loyal zur Geschäftsleitung zu sein. Manchmal ist das ein schmaler Grat, wo es gilt, gut abzuwägen.

> Grundsätzlich lässt sich zu Widerstand sagen: Er ist etwas Positives.

Grundsätzlich lässt sich zu Widerstand sagen: Er ist etwas Positives. Das klingt erst einmal komisch, weil wir meistens genervt sind, wenn jemand nicht sofort so begeistert ist wie wir oder nicht sofort versteht, wo wir hinwollen oder nicht gleich sagt: »Superidee, ich bin dabei.« Dann kostet uns das Zeit, Energie und Nerven.

Interessant ist aber: Widerstand lässt uns innehalten. Er gibt uns Zeit, das Ganze noch mal zu überdenken, es vielleicht anders zu formulieren und in den Prozess einzuhaken. Möglicherweise waren wir zu schnell, haben die Mannschaft überfordert oder haben vergessen, etwas zu erwähnen. Eventuell ist die Logik wirklich nicht schlüssig und wir müssen ein bisschen nachbessern. Also im Grunde können Sie sich über jeden freuen, der in den Widerstand geht, denn so können Sie das Ganze noch mal begründen und überdenken. Vielleicht haben wir in unserer Euphorie einen Gedankenfehler gemacht, laden mit unserer Nehmerqualität viel zu viel von unseren Schultern auf die unseres Teams. Möglicherweise versteckt sich in dem Ganzen ein Problem, das anderen momentan unlösbar erscheint und das für uns ganz harmlos klang. Das Team weist uns dann darauf hin, dass hier noch ein Riesenfels im Weg liegt, den wir aus unserer Perspektive gar nicht gesehen haben. Es lohnt sich also auch, sich diesen Felsbrocken gemeinsam anzuschauen.

Wenn es um das Nicht-Wollen geht, sind mögliche Gründe dahinter sehr vielfältig. Ich habe hier sechs verschiedene Varianten zusammengefasst, um die sich jemand Sorgen machen könnte. Ihr Job ist es dann, herauszufinden, welcher oder welche es im vorliegenden Fall sind. Denn leider ist es nicht so, dass jemand zu Ihnen kommt und sagt: »Chefin, ich bin zu diesem Punkt übrigens im Widerstand, weil ich ein Sicherheitsthema habe und meine Sicherheit mit dieser Veränderung gefährdet sehe.« Das wäre toll. Dann hätten wir sofort einen kleinen Plan und schnell passende Argumente und eine Lösung parat. Nein, es ist leider etwas komplexer.

Das heißt, zunächst ist Widerstand ein diffuses Gefühl, ein symbolisches Mit-dem-Fuß-Aufstampfen und Nein-Sagen. Manchmal wird es auch mürrisch vorgetragen, mit verschränkten Armen oder sogar mit einem »Du kannst mich mal«-Blick. Ihre Aufgabe als Führungskraft ist es nun, herauszufinden, woher der Widerstand genau rührt. Dafür gibt es aber keine Checkliste und auch keinen Multiple-Choice-Fragebogen – ja, nein, ich weiß nicht –, sondern es braucht ein offenes Gespräch mit offenen Fragen. (Die finden Sie im nächsten Teil zu Kommunikationswerkzeugen im Kapitel 13 »Wer fragt, der führt«.) Fragen Sie zum Beispiel: »Was geht Ihnen durch den Kopf dazu?«, »Was lässt Sie zögern?« oder »Wie könnte es denn gestaltet sein, damit Sie dabei sind?« Mit solchen Fragen halten Sie Ihrem Gegenüber sinnbildlich das Mikro hin und geben ihm die Chance, sich erst mal selbst darüber klar zu werden, worum es eigentlich geht. Ihre Aufgabe besteht darin, genau zuzuhören, um die Gründe des Widerstands zwischen den Zeilen aufzuspüren. Die sechs Hintergründe des Nicht-Wollens, die ich hier zusammengefasst habe, sind alle im weitesten Sinne aus dem Themengebiet »Angst vor persönlichen Konsequenzen«, aber sie sind ganz unterschiedlich gelagert. Meistens lässt sich eine Antwort darauf finden, oder sie lassen sich anderweitig ausräumen.

1. **Geld:** Ein Thema könnte das Geld sein. Sagen wir mal, Sie führen eine neue IT-Landschaft oder neue Softwarepakete ein und jemand ist intern nun nicht mehr der Superexperte für die IT-Landschaft, der er einmal war. Dann könnte er fürchten, dass Sie ihm Geld wegnehmen und sein Gehalt kürzen würden, weil er ja jetzt nicht mehr diese Beratungsfunktion hat. In dem Moment, wo Sie sagen können: »Wir nehmen dir zwar die Rolle weg, aber dein Geld behältst du und wir bieten dir dafür noch eine Projektteilnahme an«, ist diese Sorge ausgeräumt.
2. **Sicherheit:** Das Thema Sicherheit spielt für viele eine große Rolle. Heute weiß ich, was ich habe – aber wer weiß, was ich bekomme? Also nehmen wir mal an, Sie möchten jemanden in eine Tochtereinheit versetzen oder Sie geben jemandem ein neues Projekt, von dem man noch nicht weiß, ob es eine Erfolgsstory wird oder eher nicht. Ich habe die Sicherheit, das zu kennen, was ich habe, aber ich weiß ja nicht, was ich kriege. Unsicherheit vielleicht bis hin zu Existenzsorgen macht sich breit. Ich gebe hier einen Job auf, der wirklich bis an mein Lebensende sicher gewesen wäre. Vermeintlich, denn das ist ja auch oft eine Illusion. Ich gebe also meine Sicherheit auf und gehe etwas Neues ein, von dem ich nicht weiß, ob es die neu gegründete Abteilung morgen noch geben wird. In solchen Fällen kann es hilfreich sein, demjenigen eine Vertragsergänzung zu geben und zu sagen: »Deine Betriebszugehörigkeit läuft auf jeden Fall weiter. Sollte das Projekt, diese Abteilung oder dieser neue Job nicht mehr gebraucht werden, dann finden wir definitiv etwas anderes für dich.« Diese Sicherheit auszusprechen, kann hier hilfreich sein. Immer vorausgesetzt, Sie möchten diese Person halten.
3. **Beziehungen:** Der nächste mögliche Hintergrund für Widerstand ist das Thema Beziehungen im Sinne von Zugehörigkeit. Sagen wir mal, wir versetzen jemanden von einem Team in ein anderes. Er bekäme dann eine neue Teamleitung, neue Kolleginnen, eine neue Sitzordnung, eine andere Etage womöglich. Dieses neue Beziehungsgeflecht, seine Rolle, sein Platz im internen »Rudel-Ranking«, würde dann neu auszuloten sein. Das ist für manche schwierig. Die Fragen an diese Menschen lauten also: »Wie kann ich dir dabei hel-

fen? Möchtest du vielleicht mal eine Weile dort schnuppern oder ein Praktikum machen? Oder willst du eine befristete Zeit dort verbringen?« Dann kann er oder sie sich das erst mal anschauen oder mit den Leuten sprechen. Möglicherweise kann die neue Teamleitung ihr oder ihm irgendwie helfen, sich in dem neuen Umfeld gleich wohler zu fühlen. Was braucht derjenige, um auf der Beziehungsebene gerne mitzugehen und das Neue zu wagen? Sehr häufig ist es weit weniger, als wir befürchten, und damit dann gut umzusetzen. Das Ernstnehmen dieser Empfindungen ist dabei immer der erste Schlüssel.

4. **Anerkennung:** Das vierte Thema ist die Sorge um Anerkennung im Sinne von Status. So war ich vielleicht bis jetzt Experte und hatte zwei Goldstreifen auf den Schultern, und morgen habe ich nur noch einen. Wie sieht das denn aus? Oder ich war bis jetzt Teamleitung, und wir legen zwei Teams zusammen, es braucht nur noch eine, und ich bin es nicht. Wie sieht denn das aus? Was sage ich meinen Freunden? Was poste ich in sozialen Netzwerken? Wie nenne ich mich dann? Was ist mein neuer Status, was wird mein neuer Titel, in welcher Hierarchiestufe bin ich dann verortet? Wie ist die Anerkennung innerhalb der Firma? Zu welchen Veranstaltungen komme ich noch oder nicht? Und wo bin ich noch eingeladen? Bin ich denn noch auf derselben Ebene wie vorher oder nicht? Anerkennung ist ein großes Thema, wenn es um Status geht. Es wäre gut, wenn man dann einen ähnlichen Titel oder etwas Klangvolles für die Visitenkarte und die sozialen Medien findet und demjenigen klarmacht: »Nur weil du jetzt keine Leitungsfunktion mehr hast, bist du trotzdem wichtig, weil du immer noch unser Experte für dieses Thema bist und alle dich brauchen.« Aber das muss auch nach außen sichtbar sein. Jemandem nur zu sagen »Du bist ganz wichtig und wir finden dich alle klasse«, reicht in der heutigen Zeit nicht mehr aus. Diese Thematik braucht manchmal etwas Fantasie, die Anerkennung neu abzubilden. Es ist aber machbar und kostet meist nichts.

5. **Selbstständigkeit:** Als fünftes Thema haben wir die Selbstständigkeit, die vielleicht bedroht ist oder sich bedroht anfühlt. Hier geht es auch oft um die Kombination aus Selbstständigkeit und Freiheit.

Nehmen wir mal an, wir möchten, dass die Mitarbeitenden wieder aus dem Home-Office zurückkommen, und sagen: »Wir wollen, dass ihr mindestens vier Tage in der Woche wieder im Büro seid.« Zu Hause konnte ich als Mitarbeitende selbstständig meine Zeit bestimmen. Ich konnte entscheiden, in welchem Zeitfenster ich mich einlogge und wann nicht. Ich konnte entscheiden, wann ich Pausen mache und wie lange und wo ich sie verbringe. Ich war nicht in ein festes Regelkorsett gedrängt und hatte viel Luft zur Selbstgestaltung. Ich konnte aussehen, wie ich wollte, anziehen, was ich wollte, und musste morgens nicht losfahren, sondern konnte die Runde mit dem Hund ausdehnen. Alles das, diese Selbstständigkeit und dieser große Gestaltungsrahmen für meine tägliche Arbeit und Arbeitszeit, wird mir genommen, wenn ich wieder um 8 Uhr irgendwo aufschlagen muss und dann bis mindestens 16.30 Uhr da sein soll. Wenn sich das dann ein bisschen nach Enge anfühlt, mögen das manche Menschen nicht, insbesondere diejenigen, für die Selbstständigkeit, Freiraum, Gestaltung und Autonomie wichtige Begriffe sind. Hier werden Sie gute Gründe und Argumente brauchen, warum jetzt alle wieder zurücksollen, obwohl es doch mit flächendeckenden Home-Office-Zeiten auch wunderbar lief, vermeintlich. Die Wahrheit über Fehler, Teamzusammenhaltsverlust, Egoismen, die sich entwickelten, Kreativität, die einbrach, die Einsamkeit mancher Kollegen und so weiter, die kennen vielleicht Sie, aber nicht jedes Teammitglied. Insofern sind Offenheit, eigene Flexibilität und gute Argumente der Schlüssel zur Lösung.

6. **Entwicklung:** Als Letztes in meiner Aufzählung hätten wir dann noch als mögliche Ursache für Widerstand das Thema der eigenen Entwicklung. Mir werden Entwicklungschancen genommen, wenn ich an einen Arbeitsplatz versetzt werde, wo es aussieht wie »Ende Gelände«. Also von hier geht es nicht weiter nach oben, es ist eine Sackgasse, ein Abstellgleis. Könnte das der Fall sein? Oder wir kürzen eine Hierarchiestufe raus, vielleicht sogar aus Rationalisierungsründen, oder stoppen unser Weiterbildungsprogramm für die nächsten zwei Jahre, um die Umsatzeinbußen der vergangenen Jahre wettzumachen. Dann könnte das bei Mitarbeitenden den Gedan-

ken auslösen: »Hier kann ich mich ja gar nicht mehr weiterentwickeln.« Sich entwickeln zu dürfen, ist für viele Menschen heute ein hoher Motivationsfaktor. Nicht nur im Sinne von weiterkommen in der Hierarchie, sondern auch im Sinne von weiterhin lernen dürfen, sich entfalten können. Hier wären mögliche Ansätze: »Wie kannst du dich auch im Job entwickeln? Vielleicht auch, ohne dass wir ein Budget haben, und vielleicht auch erst mal in eine Expertenkarriere oder in eine Projektleitung, bevor wir die Führungsebenen wieder aufleben lassen.« Unser Job ist es dann, demjenigen zu versichern und aufzuzeigen, dass man sich natürlich auch in dem Umfeld, in dem wir uns nach der Veränderung befinden, weiterentwickeln kann. Signalisieren Sie auch gern: »Wir haben dich auf der Liste. Wir wissen, dass du ein Guter, eine Gute bist und dass in dir noch ganz viel Potenzial schlummert. Natürlich möchten wir das mit dir heben. Nur halt im Moment in einer anderen Form.« Wie wir erkennen, braucht es hierfür unsere unbeschädigte Glaubwürdigkeit, damit unser Gegenüber dann bleibt und auf unser Wort vertraut.

Allein solche Gespräche zu den oben aufgezeigten Themen zu führen, viele Fragen zu stellen und die Mitarbeitenden zu Wort kommen zu lassen, bringt Sie schon mal ein deutliches Stück näher aneinander heran. Mitarbeitende entdecken dabei erst mal für sich: »Warum bin ich eigentlich so bockig und will gerade nicht?« Vielleicht weiß es derjenige selbst noch nicht und hat erst mal so ein Gefühl, und Sie kommen gemeinsam drauf. Für jeden dieser Punkte gibt es eine Auflösungsmöglichkeit, das ist das Gute daran. Dieser Widerstand kann in positive Energie gewandelt werden. Es braucht nur Ihre Zeit.

Kapitel 11

Führen auf Distanz – zehn Erfolgsstrategien, die den Unterschied machen

Wir beschäftigen uns in diesem Kapitel mit dem Führen auf Distanz, also mit dem Führen aus dem Home-Office heraus oder ins Home-Office hinein. Wenn wir alle in den vergangenen Jahren der Pandemie etwas verstanden haben, dann ist es, dass die Arbeitswelt sich so verändert hat, dass das Führen auf Distanz für uns weiterhin Realität bleiben wird. Nach zwei Jahren Pandemie zum Entstehungszeitpunkt dieses Buches, haben wir vieles beobachten können, was noch besser laufen könnte und was sich bereits bewährt hat. Diese Punkte habe ich für Sie zusammengestellt: zehn Strategien, wie Sie das Führen auf Distanz zum Erfolgsmodell für sich machen können. Zusammenfassend lässt sich sagen: Beim Führen auf Distanz kommt es vor allem auf eines an: auf Sie.

» Beim Führen auf Distanz kommt es vor allem auf eines an: auf Sie.

1. Strategie: Ihr Ziel-Image definieren

Ihre Präsenz ist viel entscheidender, als sie es sonst schon ist. Das umfasst ganz profane Dinge, die offenbar immer noch nicht überall angekommen sind, wie die Beleuchtung, wenn Sie digital führen und sich als Videobild übertragen, den Bildschirmhintergrund, den Sie auswählen, Ihre Kleidung, die Sie anziehen. Bei all diesen Fragen, wie Sie sich technisch ausstatten, beleuchten und kleiden, ist eine Frage als Leitfrage oben drüber zu sehen: »Welches Bild wollen Sie von sich erzeugen?«

Was ist das Image, das man von Ihnen als Führungskraft haben soll? Welche drei Eigenschaften soll man mit Ihnen verknüpfen? Welches ist Ihr USP (Unique Selling Proposition, Alleinstellungsmerkmal), mit dem Sie verbunden und verknüpft werden wollen? Wenn Sie Ihr Zielbild definiert haben, beantwortet sich von selbst, ob das Dargebotene dies unterstreicht oder eben nicht. Passt ein gezeichneter Hintergrund der Golden Gate Bridge mit ganz vielen Rottönen, sodass Ihr Kopf davor kaum auszumachen ist? Passt es, dass Sie einen automatischen Bildhintergrund einstellen, der Sie die ganze Zeit wackeln lässt wie ein Gespenst mit Schatten um sich herum? Passt es, den Bildhintergrund automatisch abzuschalten und den echten Bildhintergrund zu zeigen und dabei in einem unaufgeräumten Schlafzimmer zu sitzen? Oder in einer Küche eines gestressten Haushalts, wo sich der Abwasch von zwei Tagen stapelt? Oder möchten Sie, dass Ihre Mitarbeitenden oder auch Kollegen oder Vorgesetzten im Video sehen, dass hinter Ihnen, weil Sie im Schlafzimmer Ihr Home-Office aufgeschlagen haben, der Wäscheständer mit der Unterwäsche steht? All das, würde ich vermuten, wollen Sie nicht. Und dennoch sind das Dinge, die wir noch immer sehen. Gestern hatte mein Gesprächspartner, Bereichsleiter eines großen Unternehmens, auf seiner Fensterbank im Video leere Bierflaschen stehen, jede Menge. Als ich ihn darauf hinwies, sagte er ganz selbstverständlich – und hielt eine Flasche ins Bild: »Aber das ist alkoholfreies Bier gewesen.« Okay, das macht es aber auch nicht besser.

Also noch einmal die Frage: Was ist Ihr Ziel-Image? Wie sollte der dazu passende Rahmen sein, aus dem heraus Sie sich präsentieren? Ein Bild sagt mehr als tausend Worte – das ist im Video ziemlich gnadenlos. Was wir von Kameras wissen: Sie ma-

» Also noch einmal die Frage: Was ist Ihr Ziel-Image? Wie sollte der dazu passende Rahmen sein, aus dem heraus Sie sich präsentieren? Ein Bild sagt mehr als tausend Worte – das ist im Video ziemlich gnadenlos.

chen uns älter und lassen uns kompakter, dicker erscheinen, als wir sind. Außerdem zeigen sie mit Highlightern alle Mängel von Stoffen auf, zum Beispiel angeschlagene Kragenecken oder ausgefranste T-Shirt-Ränder, die aussehen wie kleine Mäusebisse, oder auch verblichene Farben. Alles wird durch die Kamera, wenn es eine gute Kamera ist, noch mal überzeichnet dargestellt. Apropos Kamera: Natürlich wählen Sie bitte eine gute Kamera aus und nicht die Laptopkamera, die vielleicht praktisch ist, die Ihnen aber einerseits eine Perspektive aufzwingt, wo man Ihre Nasenlöcher, Ihr Doppelkinn und Teile der Zimmerdecke sieht. Obendrein ist das Bild so unscharf und leicht vernebelt, dass Sie automatisch auch unklarer rüberkommen. Wenn Sie sich eine Videokonferenz anschauen, die gut gemacht ist und bei der ehrgeizige Kollegen dabei sind, die an ihrer Karriere feilen, dann achten Sie bitte mal auf die Bilder. Man sieht ziemlich schnell in Zoom oder Teams, wer am hellsten beleuchtet ist, den hellsten Hintergrund hat und am kontrastreichsten gekleidet ist. Das sind meistens die Menschen, die auch am deutlichsten zu hören sind (gutes Headset) und die damit am meisten Gewicht haben. Das, was sonst in Meetings inszeniert wird durch Breite, Raumbesetzung und viele Unterlagen, die auf den Tisch gelegt werden, dazu noch ein Schlüsselbund, ein Brillenetui und so weiter, wird im Video durch das beste Bild unterstrichen beziehungsweise gelebt. Da werden Zeichen gesetzt. Wenn Sie etwas Kraftvolles senden wollen, ist es absolut sinnvoll, dass Sie kraftvoll aussehen und man das auch erkennen kann. Das heißt also: gute Kamera, gute Beleuchtung, gutes Headset und eine gute Position mit einem Hintergrund, der möglichst hell ist und Sie im maximalen Kontrast erscheinen lässt. Das sind schon mal gute Voraussetzungen für eine Präsenz, die Ihrem Ziel-Image wahrscheinlich auch relativ nahekommt.

2. Strategie: Vertrauen und loslassen

Beim Führen auf Distanz brauchen Sie die Fähigkeiten und Bereitschaft für Vertrauen und Loslassen. Obwohl wir jetzt über zwei Jahre mit sehr positiver und reichhaltiger Erfahrung im Home-Office gearbeitet haben, gibt es immer noch Vorgesetzte, die mit Misstrauen herangehen und schnell unterstellen: Wer zu Hause ist, der arbeitet doch nicht. Und wer nebenbei noch Kinder betreut, einen sogenannten Corona-Hund angeschafft hat oder ein Bauprojekt hat und nebenbei Zeit im Baumarkt verbringt, der arbeitet doch nicht. Es ist an Ihnen zu messen, ob jemand die Ergebnisse bringt, die er auch sonst bringen würde. Und deswegen die Frage: Was brauchen Sie von Ihren Mitarbeitenden, damit Sie vertrauen und loslassen können? Sehr gern können Sie das für sich mit einer Kontrollfrage checken: Woran messe ich eigentlich sonst beim Führen in Präsenz, dass jemand fleißig ist und seine Ergebnisse bringt und arbeitet? Woher wissen Sie das sonst? Sie stehen nicht rund um die Uhr neben demjenigen und verfolgen auf dem Bildschirm, was er genau in welcher Geschwindigkeit macht. Sie können vielleicht bemerken, dass der Bildschirm schnell umgeschaltet wird, wenn Sie in das Büro desjenigen kommen. Oder Sie beobachten, dass jemand häufig in der Kaffeeküche steht. Aber grundsätzlich sehen Sie es an anderen Dingen. Und wenn Sie sich diese Frage beantworten, dann können Sie auch das Ergebnis sehr gut abgleichen mit dem Führen auf Distanz. Die Antwort ist hier: Ergebnisse, Arbeitsmenge, Fehlerart oder Fehlermenge oder auch Menge pro Tag oder Fortschritt im Projekt. Wenn Sie das alles sonst messen, dann können Sie es digital auch messen, indem Sie einfach darüber reden, sich bestimmte Tools einrichten oder tägliche Meetings machen. Zum Beispiel in Anlehnung an agiles Arbeiten, wo Sie in kurzer Taktung darüber reden: Was steht gerade an, was ist schon fertig? Was kommt als Nächstes? Wo brauche ich Hilfe? Alles das könnten Mittel und Wege sein.

> Was brauchen Sie von Ihren Mitarbeitenden, damit Sie vertrauen und loslassen können?

Das Misstrauen ist die schlechteste Wahl, weil wir damit im Zweifel die überwiegende Mehrzahl von Mitarbeitern treffen, die das Misstrauen gar nicht verdient hat. Sie kennen Ihre »Pappenheimer« im Grunde schon von vorher. Diejenigen, die es im Home-Office für sich ausnutzen und die vertraglich geschuldete Arbeitszeit nicht erbringen, sind die gleichen, die es sonst auch nicht tun. Ich denke hier an so sympathische Gestalten, die abends zwei Stunden zum Sport gehen und ihr Büro währenddessen noch offen, den Rechner und das Licht noch angeschaltet lassen. Um 19.30 Uhr kommen sie schließlich aus dem Fitnesscenter zurück und stempeln dann erst aus, sodass jeder denkt: »Wow, der Meier, der arbeitet aber lange.« All diese Tricks gibt es ja sonst auch. Was brauchen Sie also, um zu vertrauen?

Sobald Sie das für sich herausgefunden haben, seien Sie ruhig so offen und sprechen mit Ihren Mitarbeitenden darüber, dass Sie ein Thema damit haben und es Ihnen helfen würde, wenn Sie gemeinsam einen Kontrollmechanismus erfinden, der allen ein gutes Gefühl gibt. Woran machen Sie Vertrauen fest und woran die anderen? Das kann auch als Team-Thema sehr erhellend sein.

3. Strategie: Konflikte aufgreifen

Wir müssen verhindern, dass wir Gefahr laufen, Konflikte auszusitzen. »Aus den Augen, aus dem Sinn« könnte man das auch nennen. Was ich nicht sehe, kriege ich nicht mit, und dann muss ich auch nicht nachfragen. Wenn ich nur das Gefühl habe, dass es zwischen A und B nicht funktioniert, dann muss ich noch lange nicht nachfassen. Ich kann das einfach ignorieren, da ich die beiden nur einmal in der Woche in einem Teams-Meeting erlebe. Das lässt sich schnell ausblenden, insbesondere, wenn deren »Kacheln« weit voneinander entfernt auf meinem Bildschirm sind. Das ist anders, als wenn ich die zwei Streithähne immer auf dem Flur sehen würde, wie sie sich ineinander verkeilen. Oder wenn ich dauernde Präsenz-Teammeetings hätte, in denen sich zwei Leute ständig ins Wort fallen und die Augen verdrehen, wenn der andere redet. Ich sehe das hier auch, wenn ich es will, aber ich muss genauer hinsehen und meinen inneren Schweinehund besiegen, um es erst einmal anzunehmen und dann anzugehen. Auf Distanz kann ich mir leichter sagen: »Ist nicht so schlimm, die begegnen sich ja nicht.«

Interessanterweise haben wir festgestellt, dass die Konfliktlösung oder auch die Konfliktschlichtung und das Ansprechen von Konflikten über die Distanz und das Video vielen Menschen leichter fällt. Der Grund dafür liegt darin, dass wir nicht die geballte Ladung an Emotionen fühlen, die das Gegenüber sonst ausstrahlt. Von Flecken am Hals über eine anschwellende Stimme, Wärmeabstrahlung, große Gesten bis hin zum Schweißgeruch, all diese Sinnesreize sind ja weggeschaltet. Sie haben nur Augen und Ohren, und Sie haben die Distanz durch den Bildschirm zwischen sich, sodass alles zweidimensional ist. Das kann für manche erleichternd wirken, Konflikte anzusprechen oder auch kritisches Feedback zu geben. Andere wiederum brauchen genau diese Eindrücke, um Menschen zu lesen und darauf einzugehen. Schauen Sie, was für Sie besser passt und schärfen Sie Ihre Antennen für unterschwellige Konflikte, die in der Distanzzeit schwelen und nachher bei der Rückkehr an die Arbeitsplätze explodieren. Das wäre unschön, um es vorsichtig auszudrücken.

4. Strategie: Alle Mitarbeitenden im Fokus behalten

Hier geht es um die Gefahr, unbeliebte Mitarbeitende zu meiden. Das hat eine Schnittmenge mit dem möglichen Aussitzen von Konflikten. Aus den Augen, aus dem Sinn – das gilt auch in diesem Fall. Sonst kommen wir nicht umhin, Mitarbeitende zu sehen, weil sie bei uns in der Tür stehen, wir an ihrem Büro vorbeigehen, wir uns beim Händewaschen, in der Kantine, der Tiefgarage, auf den Gängen und sonst wo treffen. Beim Führen auf Distanz kann ich schlicht weniger Kontakt herstellen und es schaffen, monatelang keinen Kontakt zu meinem unliebsamen Mitarbeiter zu haben und ihm einfach aus dem Weg gehen. Ich schreibe ihm E-Mails mit Aufgaben, er schreibt mir Mails mit Ergebnissen zurück, und ich kann ihn immer weiter ins Off bugsieren, ohne dass es mich besondere Anstrengung oder eine aktive Auseinandersetzung kostet – bewusst oder unbewusst. Dass das nicht klug ist, erklärt sich von selbst. Dass es sich mit dem Anspruch an Wertschätzung nicht gut kombinieren lässt und Nebenwirkungen haben wird, erklärt sich auch von selbst. Denn Mitarbeiter, die immer weiter ins Off gedrängt werden und die wir immer mehr und immer ausdauernder ignorieren, machen irgendwann ihr eigenes Ding und fühlen sich dann womöglich in einer Märtyrerrolle oder gemobbt, sie fühlen sich nicht wichtig oder denken sich: »Wenn ich nicht wichtig bin, dann muss ich mich auch nicht reinhängen.« Sie bekommen das irgendwann eins zu eins zurück, aber mit Zeitverzug, und insofern lohnt es sich, doch lieber dranzubleiben und einer möglichen Versuchung zu widerstehen.

Seien wir ehrlich: Wir haben Mitarbeitende, über die wir uns freuen, wenn wir sie sehen. Und wir haben Mitarbeitende, wo wir denken: »Der schon wieder!« oder »Die schon wieder!«, weil sie uns vielleicht Zeit kosten, weil sie uns zu kompliziert sind, weil sie uns dauernd große Dramen erzählen, wo gar keine sind, oder weil sie für uns irgendwie anstrengend sind. Und das ist ja für jeden etwas anderes. Doch diese Mitarbeitenden können nichts dafür, dass wir ein Problem mit ihnen haben. Wenn das wirklich ein Problem ist, das sich lösen lässt, sollte man es ansprechen. Aber das Vermeiden dieser unbeliebten Mitarbeiter ist unfair und kostet am Ende eine ganze Menge.

Insofern lohnt es sich als Lösungsansatz, sich Folgendes wirklich klarzumachen: »Wer sind meine ›Unliebsten‹, und bei wem bin ich schnell genervt?« Diese drei, vier Namen – mehr sind es ja meistens nicht in größeren Teams – aufzuschreiben und sich vorzunehmen: »Okay, die plane ich jetzt für mindestens einmal die Woche ein, für ein Gespräch per Video unter vier Augen, und schenke ihnen im Gruppenmeeting etwas mehr Aufmerksamkeit. Außerdem sorge ich dafür, dass sie auf jeden Fall an allen Teammeetings, die für sie relevant sind, auch teilnehmen. Damit kümmere ich mich aktiv darum, dass niemand ausgegrenzt wird. Denn das kann auf Distanz unglaublich schnell passieren.«

5. Strategie: Struktur und Arbeit im Home-Office gegenchecken

Es lohnt sich, das Thema der Struktur und des Arbeitens im Home-Office anzusprechen. In Kapitel 22 finden Sie eine ausführliche Checkliste zum Thema Arbeiten im Home-Office, falls Sie das für sich oder Ihre Teammitglieder vertiefen möchten. Die Fragen, die Sie in diesem

Kontext als Führungskraft beantworten müssen, ist: Wer von meinen Mitarbeitenden kann tatsächlich im Home-Office arbeiten? Wer nicht? Wie arbeiten die dort? Was gibt es dort zu sehen? Also angefangen bei der Ergonomie und Ausstattung des Büros, über Datenschutzthemen bis hin zu der Frage, ob sich jemand selbst strukturieren kann. Ist derjenige auch in der Lage, die Prioritäten der Arbeit so zu setzen, dass sie zu meinen Prioritäten passen? All das können Sie besprechen, denn wir wissen: Nicht jeder kann mit dem Home-Office umgehen. Und es ist unser Job, es den Menschen entweder beizubringen, weil Home-Office erforderlich ist, oder sie aus dem Home-Office zurückzuholen und Möglichkeiten zu schaffen, dass diejenigen, die es nicht so gut können, einen Platz im Büro bekommen. Zum Beispiel lässt es bei manchen das familiäre Umfeld nicht zu, zu Hause zu arbeiten. Nehmen Sie sich also einfach diese Checkliste einmal zur Hand und rufen Sie das Thema auf – entweder in einem Teammeeting oder auch in Einzelgesprächen mit den Mitarbeitenden, bei denen Sie denken, da geht noch was.

6. Strategie: Die emotionale Seite beachten

Nach der strukturellen Perspektive beleuchten wir jetzt die emotionale Seite des Arbeitens auf Distanz und fragen uns: »Wer von meinen Mitarbeitenden kommt *emotional* mit dem Home-Office klar? Und wem drohen Einsamkeit oder die Verstärkung von vielleicht bisher auch schon vorhandenen ›autistischen Verhaltensweisen‹?« Wer sollte also lieber ins Büro kommen, und wie bringen Sie das Ihren Mitarbeitenden bei? Wenn Sie auf Ihr Team schauen, dann werden Sie die Unterschiede ganz klar benennen können. Die einen tendieren eher zu Nähe, Kontakt und Harmonie. Sie unterhalten sich gern, tauschen sich aus, arbeiten im Team, stimmen sich ab und kommen zusammen. Sie lieben Meetings und sind auch vorher und hinterher noch miteinander verbunden. Die anderen möchten möglichst an keinem Meeting teilnehmen und arbeiten gern im Home-Office. Sie lieben es, allein und unabhängig zu sein und nicht am Ende einer

Nahrungskette zu hängen, sondern sich völlig selbstständig organisieren zu können.

Hier ist schon ein bisschen angelegt, wer besser damit zurechtkommt, auf Distanz zu arbeiten. Die Nähe-Menschen werden alles daransetzen, auch im Home-Office irgendwie Kontakt zu halten. Und wenn sie zufällig auch noch als Single leben, dann ist das für sie tendenziell im Home-Office schwieriger, weil ihnen einfach die spürbare, fühlbare Nähe zu anderen Menschen fehlt und sie diesen Kontakt mit Video- oder Chatfunktion nicht so erleben können. Sie könnten sich auf diese Weise emotional niemals so »sättigen«, wie sie es bräuchten. Die in Richtung Distanz orientierten Menschen sagen eher: »Ich muss sonst auch keinen sehen. Ich bin heilfroh, wenn ich für mich bin. Ich arbeite sogar freiwillig in der Spätschicht oder an den Wochenenden, damit ich keinen sehe.« Sie jubeln natürlich beim Thema Home-Office, finden sich da wunderbar zurecht und sind eher genervt, wenn man sie in Meetings reinzieht und diese durch kontaktfördernde Formate anreichert.

Es lohnt sich also auf jeden Fall, einen Blick drauf zu werfen, weil beide Seiten natürlich ihre Nebenwirkungen haben. Bei dem einen, bei dem Nähe-orientierten Menschen, droht vielleicht das Thema der Einsamkeit oder des Kontaktverlusts und daraus resultierende Motivationsstörungen, Flüchtigkeitsfehler und so weiter. Hier könnte dann helfen, mehr Kontakt und mehr Meetings zu ermöglichen, mehr Besprechungen per Video als andere und Formate, in denen man sich persönlich treffen kann – eine Runde spazieren zu gehen, geht ja immer, auch bei strengsten Coronaauflagen. Möglicherweise haben Sie auch die Chance, jemanden wieder ins Büro zurückzuholen, was für Nähe-Menschen tendenziell erstrebenswert ist. Es sei denn, sie sitzen dann völlig allein auf weiter Flur. Das wäre nicht zielführend. Bei der Abwägung sind sie wahrscheinlich im kuscheligen Home-Office besser aufgehoben.

Bei den Distanz-Menschen ist unser Job als Führungskraft hingegen, zu schauen, wie ich es schaffe, sie im Team zu halten und sich als Teil einer Mannschaft zu fühlen. Wie kriege ich die Zusammengehörigkeit abgebildet? Wie kann ich sie einbeziehen? Welche Meetingfrequenz lohnt sich hier? Welche Form ist angemessen? Das muss ich nicht alles allein herausfinden, sondern kann es gut mit demjenigen besprechen: »Mir ist aufgefallen, dass du ja eher der ›lonesome rider‹ bist und es toll findest, allein und unabhängig zu arbeiten und deinem Rhythmus zu folgen. Ich brauche allerdings von dir ein bisschen mehr Austausch, damit ich einschätzen kann, wie es dir geht, wie du drauf bist, ob du mit deiner Arbeit zurechtkommst. Und das Team braucht dich auch. Könntest du dir vorstellen, dass wir uns in dem und dem Rhythmus treffen? Oder wie wäre deine Präferenz?« »Gar nicht« ist dann selbstverständlich keine Wahl, die das Gegenüber ankreuzen könnte.

7. Strategie: Prioritäten setzen

Es geht um die Priorisierung der Arbeit, also darum, sich nicht nur darauf zu verlassen, dass schon jeder an dem arbeiten wird, was wichtig ist, weil das ja irgendwie allen klar sein müsste. Sie hätten das ja auch schon mal erläutert. Ich habe für Projektteammeetings, in denen ich als Coach oder Moderator Teams begleite, eine fiese kleine Übung. Bei Projekten ist es ja auch so, dass man darauf angewiesen ist, dass alle mit der gleichen Prioritätsidee und vor allem dem gleichen Ziel im Projekt arbeiten. Die Übung geht so, dass ich die Teilnehmenden im Workshop bitte, jeder für sich einmal aufzuschreiben: Was ist das Ziel unseres Projektes? Wenn Sie das circa vier bis sechs Wochen nach Start des Projektes durchführen, werden Sie erstaunt sein, was von Ihrem Briefing übrig geblieben ist. Man erkennt große Schnittmengen, auch Ähnlichkeiten, aber im Detail haben viele etwas anderes verstanden und ziehen ihren Teil des Strangs in einem anderen Winkel.

In Führungskräfteworkshops ist es sinnvoll, etwas Ähnliches durchzuführen: die Teilnehmenden zu bitten, aufzuschreiben, was sie glauben, was die Top-Drei-Prioritäten seien, an denen ihre Leute heute mit Sicherheit arbeiten werden. Oder diese Woche. Danach rufen die Führungskräfte mal ein paar Mitarbeitende aus dem Team an und fragen: Woran arbeitet ihr gerade? Und das ist wirklich lustig, also für mich lustig, denn die Teilnehmenden kommen ziemlich irritiert aus den Telefonaten zurück und sagen: »Äh ja, nee, also die arbeiten alle an etwas ganz anderem.« Das ist sehr häufig der Fall, eher der Normalfall. Es scheint also für beide Seiten nicht klar das gleiche Prioritätsraster im Kopf zu stehen. Die Unterscheidung gilt es zu treffen: Was ist dringend? Was ist wichtig? Was ist sowohl dringend als auch wichtig? Was ist weder dringend noch wichtig? Diese Priorität verschiebt sich je nach Typ und je nach Thema. Hinzu kommt, wir wissen nicht, welche Aufgaben bei unseren Mitarbeitenden über alle möglichen Kanäle eingehen und was sie aus ihren jeweiligen Meetings an Aufgaben mitnehmen. Außerdem haben wir viele Mitarbeitende, für die das Wichtigste und Dringlichste schlicht das ist, was von der Person kommt, die am lautesten schreit, oder von demjenigen, der am höchsten in der Hierarchie sitzt. Oft ist das nicht deckungsgleich mit dem, was wir für diese Woche als Prio eins bis drei gedacht und angenommen haben. Da können die Mitarbeitenden insofern nichts dafür, als wir es meistens leider nicht präzise verabredet haben.

» Die Unterscheidung gilt es zu treffen: Was ist dringend? Was ist wichtig? Was ist sowohl dringend als auch wichtig? Was ist weder dringend noch wichtig?

Das heißt also für Sie als siebte Strategie: Gerade wenn Sie sich nicht ständig sehen und kurz mal über den Flur rufen können: »Sag mal, hast du eigentlich das schon im Blick, und kriegst du das bis morgen fertig?«, dann müssen Sie bitte wirklich regelmäßig priorisieren, entweder täglich, wenn sie sowieso tägliche Calls machen, oder mindestens wöchentlich. Also was sind deine Top Drei, und was sind meine Top Drei? Das sollte möglichst übereinandergetaktet sein und nicht auseinanderlaufen. Die Prioritäten Ihrer Mitarbeitenden sollen im Ergebnis in Ihre Prioritäten einfließen, Sie haben im Zweifel den weiteren Blickwinkel. So können Sie tatsächlich auch davon ausgehen, dass am Ende einer Woche das geliefert wird, was Sie bestellt haben. In Zeiten, wo Sie sich nicht treffen können, klären Sie das gern per Video.

Apropos Videomeeting, ein Punkt muss hier noch ergänzt werden. Achten Sie bitte bei Videomeetings darauf, dass jeder auch seine Kamera anschaltet. Ich höre immer öfter von Firmen oder Teams, dass es den Mitarbeitenden überlassen ist, ob sie sich mit Bild oder ohne einschalten. Im Online-Meeting sollte es keine Option sein, die Kamera auszuschalten, denn im echten Leben stülpen wir ja auch keinen Kartoffelsack über uns, wenn wir uns im Meeting gegenübersitzen. Warum sollte das im Video anders sein? Also entweder telefonieren wir, weil es reicht, auf der Audiospur kurz etwas abzustimmen, oder wir machen ein Meeting, in welchem wir uns sonst auch persönlich treffen würden. Und dann haben bitte alle die Kamera an, denn sonst haben Sie wirklich nur das Ohr und schauen in einen schwarzen Fleck. Dieser schwarze Fleck ist vielleicht der Mitarbeiter, den Sie dort vermuten, und der sieht Sie und die anderen, aber er zeigt sich nicht. Das geht auch aus Gründen der Fairness, der Gleichberechtigung und der Teamhygiene nicht. Also schalten bitte alle die Kamera an, sodass wir einander wenigstens sehen und hören können, wenn schon der ganze Rest der Wahrnehmung wegfällt.

> Im Online-Meeting sollte es keine Option sein, die Kamera auszuschalten, denn im echten Leben stülpen wir ja auch keinen Kartoffelsack über uns, wenn wir uns im Meeting gegenübersitzen.

8. Strategie: Gruppendynamik im Blick behalten

Wir kommen zur Frage: Wie kann ich die Gruppendynamik im Blick behalten, also möglichst Meetings auch so veranstalten, dass es neben den rein sachlichen Themen eine Gemeinschaftsaktion gibt, die persönliche Seite und Emotionen also Raum bekommen. Vieles lässt sich vielleicht im kleineren Kreis oder unter vier Augen leichter behandeln, aber es braucht auch große Meetings für alle gleichzeitig, um auch die Gruppendynamik zu beobachten. Wer kann mit wem? Wer kann mit wem nicht und verdreht die Augen? Sie kriegen ein Gefühl dafür, wie die Gruppendynamik funktioniert. Wer ist verschlossen? Wer möchte gar nichts von sich preisgeben? Wer hat gute Laune? Wer hat schlechte Laune? Und wie wirkt sich das auf die anderen aus? Wer kommt schon vor der Zeit zum Meeting und tauscht sich schon mit wem aus? Fragt jemand nach, gibt es besorgte Feedbacks, Anteilnahme? Das können Sie alles schon beobachten, wenn Sie zum Beispiel beim Einrichten des Meetings den Warteraum öffnen und alle schon »reinkönnen«. Als Führungskraft von Teams und damit Ihnen Ihre Einheit nicht auseinanderfällt, ist es Ihr Job, so eine Art Hütehund zu sein, der intelligent durch die Gegend flitzt und die ganze Zeit dafür sorgt, dass kein Schäfchen ausbricht, sondern alle kompakt als Gruppe zusammenbleiben. Das können Sie auch ganz gut feststellen, wenn Sie das ganze Team in einem Meeting sehen, selbst wenn es nur online ist.

» Als Führungskraft von Teams und damit Ihnen Ihre Einheit nicht auseinanderfällt, ist es Ihr Job, so eine Art Hütehund zu sein, der intelligent durch die Gegend flitzt und die ganze Zeit dafür sorgt, dass kein Schäfchen ausbricht, sondern alle kompakt als Gruppe zusammenbleiben.

9. Strategie: Raum für Persönliches geben

Das bringt uns zum neunten Punkt, der emotionalen Facette von Meetings. Wann reden wir eigentlich im Moment über Emotionales und Persönliches? Wenn wir sonst in Besprechungsräumen live zusammenkommen, haben wir vorher fünf Minuten Zeit und quatschen ein bisschen über das Bundesliga-Spiel von vorgestern, Wochenenderlebnisse oder den Friseurtermin, den wir vor uns haben, oder was auch immer gerade anliegt. Wir erzählen von zu Hause, von Privatem, von Hobbys, tauschen Rezepte aus oder reden auch einfach nur über die Arbeit und über Dinge, die uns aufgeregt oder beglückt haben, die gelungen oder misslungen sind oder Tratsch oder Ähnliches. Bei Meetings, die den ganzen Tag getaktet und virtuell geführt werden, konnten wir alle eine andere Nebenwirkung beobachten, nämlich dass die Meetings sofort mit dem Sachlichen starten. »So, sind alle da? Okay. Könnt ihr mich hören? Ja. Können wir uns sehen? Ja.« Dann werden noch kurz technische Probleme gelöst und schon geht es los. Die Allerwenigsten nehmen sich Zeit dafür, Persönliches oder Emotionales gesondert aufzurufen. Wenn das jedoch gar nicht mehr geschieht und es auch kein gesondertes Meeting für Persönliches gibt, dann fehlt eine ganze Dimension des sozialen Miteinanders. Die eher sachorientierten Menschen freuen sich, dass es endlich einfach mal nur um die Sache geht und »nicht so viel gequatscht« wird. Andererseits hat dieses »Quatschen« aber auch den Vorteil, dass es der Bindung dient und das sinnbildliche Miteinanderverkleben sicherstellt, es ist der Kitt einer Gemeinschaft, es formt das Wir-Gefühl unter Menschen. Eine Gemeinschaft beruht auch darauf, soziale Dinge miteinander auszutauschen. Um das virtuell aufzufangen, gibt es ganz verschiedene Ideen, was man machen kann.

Sie könnten zusammen eine Bierprobe, eine Wein- oder Apfelsaftverkostung machen. Jeder bekommt das Päckchen mit Proben nach Hause und dann wird gemeinsam verkostet. Oder Sie äußern zu Beginn eines Meetings, wenn Sie einen wöchentlichen Jour fixe durchführen, einmal folgende Bitte: Jeder hält mal einen Gegenstand in die Kamera, und zwar heute mal den Gegenstand, der ihm bei der Arbeit am nützlichsten ist, und erzählt einen Satz dazu. In der kommenden Woche werfen wir einmal den Blick auf den Bildhintergrund. Wer hat welchen Hintergrund gewählt und warum? Oder jeder stellt ein Foto in den Chat und die anderen raten irgendwie, wo das gemacht wurde oder was es darstellen soll. Sie können sich dazu ausdenken, was Sie wollen. Manche machen da richtig niedliche Challenges draus. Ich habe neulich von einer Führungskraft gehört, die Brunnenkressesamen an die Teammitglieder verschickt hat. Die Challenge bestand dann darin, zu sehen, wessen Samen als Erstes aufgehen. Nach zwei Wochen wurde dann gemessen, wie groß die Pflänzchen geworden sind. Das war wirklich witzig. Klar könnte man jetzt denken: »Haben die sonst nichts zu tun? Wie viel Zeit haben die denn damit verbracht?« Aber er erzählte ganz authentisch, dass es wirklich nur 10 Minuten gedauert habe, diese Dinge zu besprechen. Und diese 10 Minuten sind dann wirklich gut investiert, weil alle einmal was zu lachen haben, neue Seiten voneinander kennen lernen und näher zusammenrücken. Davon profitiert nachher die Teamarbeit, und damit eindeutig die Ergebnisse. Sie können die Challenge reihum von Ihren Teammitgliedern erfinden lassen, und ich bin sicher, Sie haben kreative Geister bei sich im Team, die richtig Lust darauf hätten, sich solche Fragen auszudenken und jede Woche im Meeting etwas anderes zu machen. Manche Teams berichten inzwischen, dass sie sich durch die Corona-Zeit und solche Übungseinheiten oder Frageeinheiten nähergekommen seien und noch mehr übereinander erfahren hätten als vorher in zwölf Jahren als Team. Geben Sie dem Emotionalen und Persönlichen irgendwo einen kleinen Platz, falls das noch nicht geschehen ist.

10. Strategie: Gefühle ausdrücken und besprechen

Zum Abschluss schauen wir auf die Fähigkeit, Gefühle auszudrücken und über Gefühle zu sprechen. Das ist aus dem folgenden Grund für das Arbeiten und Führen auf Distanz so wichtig: Wenn wir live miteinander in einem Raum zusammen sind, haben wir unsere Antennen ausgefahren, die viel mehr einfangen als nur das gesprochene Wort. Bildlich gesprochen stellen sich alle unsere Härchen auf, sie sind wie kleine Antennen unterwegs und fühlen, wie es dem anderen geht, wie es uns geht und was im Raum los ist. Sie kennen sicher zum Beispiel das Gefühl, wenn Sie in einen Raum kommen und gerade ein Liebespaar erwischt haben, das fast auseinandergesprungen ist und sich zuvor wahrscheinlich geküsst hat. Wir haben die Situation nicht gesehen, den Kuss zum Beispiel, aber wir fühlen, dass da gerade irgendetwas passiert ist. Das folgern wir nicht, weil die beiden auseinanderhuschen, sondern wir fühlen es. Genauso, wie wir auch fühlen, wenn irgendwo, wo wir reinkommen, »dicke Luft ist« und wir schnell sagen: »Ich komm später noch mal wieder.« Oder wo man gerade stört. Das kriegt man alles irgendwie mit – durch Moleküle, durch Gefühl. Dazu befähigen uns sogenannte Spiegelneuronen. Diese Spiegelneuronen werden in frühester Kindheit durch das Spiegeln der Erwachsenen auf die Ausdrücke kleinster Kinder gebildet. Sie sorgen dafür, dass wir später als Erwachsene fähig sind, uns in andere hineinzufühlen. Dazu gibt es ein wunderbares, aufschlussreiches Buch von Joachim Bauer: *Warum ich fühle, was du fühlst*. Diese Ebene fehlt uns, wenn wir mit Videotechnik arbeiten, weil nur Auge und Ohr gefragt sind und sonst nichts. Videomeetings werden übrigens genau aus diesem Grund oft als so viel anstrengender als Live-Meetings empfunden. Unser inneres System versucht, alles zu erfassen, was es als Mensch sonst auch erfasst, und läuft sinnbildlich immer gegen eine unsichtbare Wand und kommt nicht weiter. Alle Sinne sind scharfgestellt und kommen nicht zum Zug. Das strengt an.

Da wir Gefühle auf diesem Kanal nicht wahrnehmen können, müssen wir sie sozusagen digitalisieren, also in Buchstaben umwandeln, das heißt über Gefühle sprechen. Das ist sicher keine Freude für alle Sachorientierten, die schon in Wohngemeinschaften und ihren Beziehungen Gespräche über »Was denkst du gerade?« hassen.

Wir tun gut daran, uns selbst mitzuteilen und zum Beispiel zu sagen: »Ich bin heute schlecht drauf, weil …«, »Ich bin heute müde, weil …« oder »Wundert euch nicht, dass ich heute ein bisschen auf dem Schlauch stehe, das liegt daran, dass …« Sie übersetzen dabei mit Worten das, worüber Ihr Gegenüber sich sonst vielleicht wundert, da er oder sie es nicht erfühlen und erklären kann: dass Sie komisch aussehen oder anders wirken als sonst. Genauso wichtig ist es, dem anderen Feedback zu geben, wo man selbst gerade ein Fragezeichen hat: »Ich bin irritiert, Bärbel, wenn ich dich gerade höre, weil mir jetzt nicht ganz klar ist, ob das Unwillen ist oder ob du einfach nur erschöpft bist, erklär' es mir noch mal genauer.« Es wäre schön, wenn wir es lernen und trainieren, unseren Emotionen Ausdruck zu verleihen oder auch offene Fragen zu stellen. Davon profitieren wir auch im Leben in Präsenz.

Zu den Fragearten kommen wir im nächsten Teil in Kapitel 13 genauer. Sie werden sehen, hier gewinnt die offene Frage: »Wie geht es dir?« Schweigen, in die Kamera schauen, Blickkontakt herstellen und abwarten. »Wie war dein Wochenende?« Schweigen, abwarten und in die Kamera schauen. Das sind offene Fragen, die immer funktionieren.

»Wie meinst du das genau? Was verbindest du damit? Was lässt das in dir anklingen?« Fragen Sie also irgendetwas, wo der andere eine Chance und damit auch eine Einladung hat, sich emotional zu äußern. Das sollten wir ebenso trainieren.

Dieser zehnte Punkt ist nicht nur für uns als Führungskräfte wichtig, sondern im Grunde für alle im Team. Jeder sollte sich darin üben, seine Gefühle überhaupt wahrzunehmen und sie dann auch noch in Worte zu packen. Denn wenn wir das nicht können, bleiben wir regelrecht »abgeschnitten« als Menschen. Wir können uns dann nicht wirklich ausdrücken und miteinander verbinden.

Wir haben eine gute Chance, gemeinsam an diesen Zeiten auf Distanz zu wachsen und unsere Fähigkeiten miteinander und füreinander auszubauen.

KOMMUNIKATIONSWERKZEUGE FÜR VERSCHIEDENE (FÜHRUNGS-)SITUATIONEN

Teil 3

Kapitel 12

So überzeugen Sie Ihr Gegenüber – adressatengerecht kommunizieren

Schauen Sie manchmal in leere Augen Ihres Gegenübers, wenn Sie etwas erzählen? Kommt Ihre Botschaft einfach nicht an und Sie verstehen überhaupt nicht, warum? Dann haben Sie offensichtlich den falschen Köder ausgeworfen und Ihr Gegenüber hat deshalb nicht angebissen. Es ist tatsächlich in der Kommunikation so ähnlich wie beim Angeln. Wir brauchen den passenden Köder für die jeweilige Fischart. Der eine Fisch steht auf Würmer, der andere auf Fliegen. Der nächste wird ganz heiß bei blinkenden Blinkern. Daran angelehnt wollen wir uns jetzt ein Modell anschauen, wie Sie mit verschiedenen Ködern verschiedene Gegenüber einfangen und somit kommunikativ überzeugen. Das Modell basiert im weitesten Sinne auf den Erkenntnissen der Lernforschung von Dr. Bernice McCarthy und berücksichtigt Erkenntnisse darüber, wie Menschen lernen und Neues aufnehmen. Wir unterscheiden nun vier verschiedene Typen in der Kommunikation danach, mit welchen Keywords manche Menschen an die Angel zu kriegen sind, während andere bei den gleichen Worten eben nicht anbeißen. Was sind die Unterschiede der vier Typen, und wie kann ich das für mich nutzen?

> Es ist tatsächlich in der Kommunikation so ähnlich wie beim Angeln. Wir brauchen den passenden Köder für die jeweilige Fischart.

Wenn wir es schaffen, unsere Kommunikation adressatengerecht aufzubauen, sparen wir zum einen Zeit, weil es schneller geht, dass der andere uns versteht, und zum anderen ersparen wir uns eine Menge Konflikte. Kommunikationskonflikte entstehen oft dadurch, dass man sich nicht versteht, aneinander vorbeigeredet oder unterschiedliche Kanäle angeschaltet hat und einfach nur ein »Kratzen in der Leitung« des anderen ist. Das erzeugt Frust, was Sie wiederum am Ende verunsichert und dann dazu führt, dass Sie den Gesprächen mit demjenigen, den Sie so nie erreichen, bereits mit Stress entgegensehen. Das alles können wir auflösen, wenn wir jeweils die passenden Köder auslegen, also die Worte und Formulierungen wählen, die zu den jeweiligen Adressaten passen.

Die Grundunterscheidung der vier Adressaten, die wir uns jetzt genauer anschauen, lautet: Mit welchen Fragen geht jemand durchs Leben, wie begegnet er Neuem oder Veränderungen? Was treibt ihn oder sie als Erstes und am meisten um?

Die vier Typen heißen der Warum-Typ, der Wie-Typ, der Was-Typ und der Wozu-Typ im Sinne von »Wozu noch?«. Sie denken sich jetzt bitte ein Kreuz und bekommen damit vier Quadranten. Rechts oben im Quadranten steht der Warum-Typ, und wir gehen dann im Uhrzeigersinn durch die vier Quadranten. Rechts unten steht der Wie-Typ, links unten steht der Was-Typ, und links oben steht der Wozu-Typ. Die beiden Typen auf der rechten Seite, also Warum und Wie, sind die etwas langsameren – sie brauchen mehr Zeit. Das erkennen Sie unter anderem am Sprechtempo, am Schleifendrehen, noch mal nachfragen, genauer hinschauen. Diese Menschen sprechen nicht nur langsamer, sondern sie sind meistens auch in der Bewegung und in der Gestik etwas langsamer, bedächtiger und überlegter.

Vier Kommunikationstypen: Mit welchen Fragen erschließt man sich die Welt?

Auf der linken Seite, also bei Was und Wozu, sehen Sie eher die Schnelleren. Man könnte auch sagen, sie scheinen hektischer, je nachdem, aus welchem Quadranten *Sie* schauen. Es gibt hier auf der linken Seite mehr Bewegung im Raum und mehr Gestik. Da wird mit den Fingern auf die Tischplatte geklopft und im Meeting aufgestanden. All das wäre der Was-Typ. Der Wozu-Typ schaut eher in den Himmel, verschränkt die Arme hinter dem Kopf und legt die Füße auf den Tisch. Bei ihm sind große, raumgreifende Gesten an der Tagesordnung oder auch versunken-träumerisches Sich-Zurücklehnen. Das heißt, wir haben auf der rechten Seite eher die langsameren, nachdenklichen und sorgfältigen Menschen und links eher die Bewegungsmenschen, die aktiver sind, schneller, hektischer sprechen und sich mehr bewegen.

Lernforscher haben außerdem herausgearbeitet, dass wir unterschiedliche »Eingangskanäle« haben. Die Informationen kommen über verschiedene Sinne in uns hinein. Der Warum-Typ und der Wie-Typ sind zum Beispiel sehr stark auditiv veranlagt. Das heißt, sie sind gut über das Ohr zu erreichen. Diese Menschen können sehr gut zuhören und sich das Gehörte ohne Unterlagen gut merken. Sie sind sehr gut für Telefonkonferenzen geeignet. Was einmal gehört wurde, bleibt hängen. Auf der linken Seite beim Was-Typ sprechen wir vom sogenannten kinästhetischen Typ. Für ihn spielen Bewegungsempfindungen und damit der Tastsinn eine große Rolle. Er bekommt also eine Gänsehaut oder er fasst gern etwas an. Ein kinästhetischer Mensch würde ein Auto kaufen, indem er durchs Autohaus streift, überall über die Rundungen eines Fahrzeugs streicht, den Lack fühlt, sich hineinsetzt und mit dem Po ermittelt, ob sich der Sitz richtig anfühlt. Dann greift er das Lenkrad und bewegt sich im Auto. Mit all diesen Sinneseindrücken trifft dieser Typ eine Kaufentscheidung. Die anderen Typen entscheiden anders. Dazu kommen wir gleich noch näher. Der Wozu-Typ hat als Eingangskanal das Auge. Das heißt, er ist visuell veranlagt und braucht auch tatsächlich visuelle Reize, um erreicht zu werden. Wenn Sie ihm nur etwas erzählen und keine Skizze dabeihaben, keine Unterlagen, keinen Film, keine Farben, dann haben Sie ihn verloren.

So viel zu den Eingangskanälen, wir gehen jetzt weiter und blättern eine Detailebene tiefer auf. Wir schauen uns nämlich nun an, wie die einzelnen Köder aussehen, also die »Zauberworte«, mit denen Sie jemanden erreichen oder auch nicht. Den einen erreichen Sie mit den Worten »genau« und »detailliert«, wobei der andere mit den Augen rollt und denkt: »Genau und detailliert braucht doch kein Mensch.« Die Kunst ist jetzt, herauszufinden, welcher Ihrer Gesprächspartner was braucht.

Der Warum-Typ

Wir beginnen rechts oben im Uhrzeigersinn mit dem Warum-Typ. Das ist ein analytisch denkender Mensch, ein Stratege, jemand, der die Welt dreidimensional, also aus allen Blickwinkeln erfasst. Welche Zauberworte müssen Sie einfach nur nutzen, um diesen Typen zu erreichen? (Diese Worte erscheinen im Text kursiv.) Wenn Sie mit einem Warum-Menschen sprechen, verpacken Sie das, was Sie sagen wollen, in seine Köderworte, und dabei ist es egal, ob es sich um eine Einladung handelt oder eine umfangreiche Präsentation. Was den Warum-Typen als Erstes interessiert, ist natürlich das *Warum*. Er möchte von Ihnen hören, was der *Sinn* einer Geschichte ist. Er wird keine Aufgabe anfangen, bevor er nicht ihren Sinn verstanden hat. Ebenso interessiert ihn der *Kontext*, in dem das Ganze steht – nach dem Motto: Das wird jetzt sicher keine Einmalmaßnahme sein, sondern sie ist ja eingebunden in irgendeinen *Zusammenhang*. Wie sieht der aus? Er möchte das *Big Picture* verstehen. Big Picture ist also auch eines dieser Zauberworte, genauso wie *verstehen, Grund* oder das Wort *weil*, denn auf Ihr »weil« folgt der Grund, warum etwas entschieden wurde und so weiter. Er möchte den *Hintergrund* einer Maßnahme verstehen, der sich aus dem *Rückblick* ergibt. Das heißt, beim Warum ist es wichtig zu erklären, wie Sie *aus der Vergangenheit betrachtet* dazu kamen, jetzt zu beschließen, etwas anders zu machen. Was hat sich im *Rückblick* als nicht passend herausgestellt, sodass Sie eine neue Idee entwickeln mussten? Der Warum-Typ ist ebenso jemand, der gerne *abwägt*, *Argumente* gegeneinander abwägt, und *dreidimensional* denkt. *Risiko minimieren* findet er gut – wir machen etwas, weil wir das Risiko minimieren oder im Griff behalten wollen. Auch die Worte *Sicherheit* und *Nachhaltig-*

keit sind eindeutig auf seiner Liste. Das bedeutet für Sie: Wenn Sie wissen, dass Ihr Gegenüber ein Warum-Mensch ist, dann verpacken Sie das, was Sie sagen wollen, in die oben genannten Worte. Dann hört er Ihnen zu, findet die Antworten auf seine Fragen in all dem, was Sie ihm schildern, und ist bereit, Ihnen und Ihrer Idee zu folgen.

Der Wie-Typ

Der nächste Typ ist ein ganz anders denkender Mensch. Er ist im Quadranten rechts unten. Der Wie-Typ ist derjenige, der es *genau* mag. *Zahlen, Daten, Fakten, Währungen, Prozentzahlen, Excel* und *Statistiken* sind seine Welt. Er mag es *präzise, seriös* und *fundiert.* Beim Wie-Typ wird nie gepfuscht, und es wird nicht passieren, dass er einfach mal irgendwie eine Zahl in den Raum wirft, nachdem Sie sich »eine grobe Schätzung« wünschten. Er hasst es auch, wenn Sie zu ihm sagen: »Man muss fünfe auch mal gerade sein lassen.« Er ist kein Fan vom 80/20-Prinzip, denn das ist ihm alles viel zu grob und unseriös. *Zahlen, Daten, Fakten. Genau, präzise, seriös, fundiert.* Er macht immer erst eine *Analyse* und dann einen *Plan.* Danach schaut er sich die *Details* an und arbeitet das Ganze *Schritt für Schritt in Ruhe* ab. Der Wie-Typ mag Zahlenworte, also alles, wo Zahlen auch indirekt drinstecken, zum Beispiel *Business Case, Kalkulation, Schattenrechnung kalkulieren, berechnen* und Ähnliches. Da ist Ihrer Fantasie keine Grenze gesetzt. Er mag jede Form von *Kennzahl*, egal was Sie *messen* können. Bewerten ist eher das Warum-Wort, *berechnen* ist das Wie-Wort.

Wenn Sie einen Wie-Typ als Gegenüber haben, dann brauchen Sie Zahlen, Daten, Fakten und eine Excel-Liste. Sie muss *fehlerfrei* sein und *fundiert.* Wenn Sie bei diesem Gegenüber anfangen, in der Argumentation ein bisschen zu schwanken wie ein Schilfrohr im Wind, haben Sie schon verloren. Hier braucht es also auch körpersprachlich die Unterstreichung von Seriosität, Ruhe, Konzentration und Fokussierung. Außerdem wird Ihnen Ihr Gesprächspartner ganz viele Detailfragen stellen. Und wenn Sie nicht selbst auch ein Wie-Typ sind, wird er Sie verrückt machen. Ich sehe jetzt schon einige von Ihnen zappeln, weil Sie nämlich der Was-Typ sind und es überhaupt nicht aushalten, hier endlos lange im Detail zu verweilen.

Warum und Wie sind also auf der rechten Seite der Quadranten und Sie würden jetzt Ihren Text für diese beiden entsprechend mit den oben kursiv gedruckten Zauberworten verkleiden. Das heißt, Sie laden den Warum-Typ zu einer Besprechung ein, indem Sie sagen: »Ich würde Sie gern zu einer Besprechung einladen, um Ihnen den Sinn unserer Maßnahme XY zu erklären und Ihnen zu zeigen, wie das Ganze vor dem Hintergrund der bisherigen Entwicklung entstanden ist. Auf dass wir im Folgeschritt mal abwägen, ob der Kontext richtig gewählt ist und die Maßnahmen auch nachhaltig sein werden.« Dann sagt er: »Super, solche Besprechungen sind mein Ding.«

Sagen Sie das Gleiche zu einem Wie-Typ, reizen Sie ihn damit nicht. Da würden Sie es eher so formulieren: »Ich lade Sie zu einer Besprechung ein, für den 13.7. um 16.00 Uhr, für eine halbe Stunde. Ich möchte Ihnen gerne im Detail erklären, was die Analyse des Projektes XY genau ergeben hat, und dann mit Ihnen einen präzisen und fundierten Plan aufstellen, wie wir jetzt Schritt für Schritt vorgehen. Dazu habe ich Ihnen eine Excel-Liste vorbereitet, die ich Ihnen im Detail zeigen werde, sodass wir die Zahlen, Daten und Fakten genau durchrechnen können.« Das findet er gut. Die nächsten beiden Typen finden beide Varianten schrecklich. Sie brauchen etwas anderes.

Der Was-Typ

Kommen wir zur linken Seite der Quadranten, und zwar zum Was-Typ links unten. Wir hatten schon gesagt, dass der Was-Typ ein Kinästhet ist, der sich mit Bewegung und dem Tastsinn die Welt erschließt, also zum Beispiel durch eine Begehung, durch Ausprobieren, durch Action. Wenn Sie einen Kunden haben, der ein Was-Typ ist, dann gehen Sie mit ihm durch Ihr Unternehmen. Auf dem Weg zeigen Sie ihm etwas an einer Maschine, lassen ihn ein Werkstück anfassen oder mit der Maus eine neue IT-Oberfläche erkunden. Erleben Sie etwas gemeinsam. Denken Sie an die Kaufentscheidung im Autohaus, die vorhin beschrieben wurde.

Schauen wir wieder auf die Zauberworte: Der Was-Typ liebt *Action. Machen* ist sein Wort. »Nicht lang schnacken, Kopp in' Nacken« könnte sein Trinkspruch sein. Ihn zeichnet das Wort *Pragmatismus* aus – oder *pragmatisch*. Er liebt das *80/20-Prinzip* und kann auch mal fünfe gerade sein lassen. Zauberworte, auf die er ebenso anspringt, sind *eben, schnell einfach, kurz.* »*Fangt schon mal an*« und »*Lass uns mal eben kurz zusammenkommen, um das und das zu klären*« sind typische Formulierungen. Die Worte des Machers erkennen Sie besonders daran, dass ein Was-Typ alle Worte mag, die eine *Bewegung nach vorn* beinhalten. Sie sind meistens aus der Sportwelt entnommen: *PS auf die Straße bringen, Gas geben, Fahrt aufnehmen, hart am Wind segeln, die Ärmel hochkrempeln, loslegen, starten, umsetzen, Maßnahmen ergreifen, ein Projekt aufsetzen*. Es sind Dinge, die man mit den Sinnen erleben kann und wo sich etwas bewegt. Dabei ist es nebensächlich, welche Worte oder welche Sportart Sie wählen. Wichtig ist, dass die Bewegung nur eine Richtung kennt: *nach vorn*. Was der Was-Typ auch mag, sind *Lösungen* und *Erfolge*. Er steht auf Formulierungen wie *Quick wins, quick and dirty* oder *low hanging fruits* – das, was man mal eben am Wegesrand *schnell mitnehmen* kann. Das ist weder durchdacht noch gründlich geplant, aber schnell, schnell im Körbchen. Was er ebenso mag, ist *improvisieren*.

Wichtig zu wissen ist, wenn man zum Beispiel ein Kind hat, das ein Was-Typ ist: Dieser Typ lernt aus dem Tun. Das heißt, dieses Erleben, dieses Selbermachen helfen ihm. Dieser Typ lernt am besten, wenn er Dinge ausprobiert. Solch einem Kind können Sie folglich dreimal sagen: »Wenn die Herdplatte da vorn rot leuchtet, nicht anfassen, macht aua!« Dieses Kind würde trotzdem hingehen, die Hand draufhalten und dann feststellen: »Aua, richtig heiß!« Und dann hätte es das gelernt. Ein Was-Typ ist dafür prädestiniert, Gruppenarbeiten zu machen, Moderationskarten zu schreiben, selbst zu moderieren, Hand anzulegen, handwerklich unterwegs zu sein, etwas zu basteln, zu erlaufen, zu erfahren, zu erleben. Das ist seine Lernweise. Auf diese Weise können Sie ihn erreichen. Das heißt also, wenn Sie mit einem Was-Typen verabredet sind und Sie brächten Excel-Statistiken mit und ganz viele Zahlen, Daten, Fakten, gern auch noch klein gedruckt, dann bekäme er eine Krise. Er würde aufspringen, um den Tisch herumlaufen. Er würde drängen und fragen, ob das nicht einfacher geht. Er wird versuchen, den Film mit Ihnen vorzuspulen, um das Ganze zu überspringen und dann endlich zu dem zu kommen, wo es um Action geht. Also nutzen Sie für diesen Typ genau die oben kursiv gedruckten Worte, und Sie haben eine offene Tür. Es empfiehlt sich, hierbei gleichzeitig auch selbst ein bisschen schneller zu reden und sich mehr zu bewegen, also mehr Gestik zum Beispiel zu zeigen. Kommen Sie hingegen im Schneckentempo zu so einem Menschen, wird er schnell ungeduldig.

Der Wozu-Typ

Schauen wir auf den vierten Quadranten, links oben der Wozu-Typ mit seiner Leitfrage: Wozu ist das *noch* gut? Und da sind wir schon bei seiner Zeit. Der Wozu-Typ ist nur in einer Zeit zu Hause, das ist die *Zukunft*. Das heutige Klein-Klein, das Tagesgeschäft, Details, Zahlen, Daten, Fakten, Realitätssinn und konkrete Maßnahmen sind nichts für ihn. Er ist unter den vier Typen der *Visionär*. Sein Eingangskanal ist das Auge. Deswegen neigt er dazu, sehr bildlich unterwegs zu sein. Er schaut gern Filme und Bilder mit Ihnen an und spricht auch sehr bildhaft mit Metaphern, *bunten Farben* und sehr lebendig. Er mag daher Worte für den Augenkanal: »*Stellen Sie sich vor, malen Sie sich aus*«, »*Ich sehe es in bunten Farben vor mir*«, »*Lassen Sie uns gemeinsam träumen*«. Das alles sind Formulierungen, die das Auge indirekt ansprechen. Und das ist seine Heimat. Was er ebenfalls mag, ist *groß denken*, sehr gerne auch *Superlative*. Wenn man jetzt noch das Visuelle mit Superlativen kombiniert, dann kommt man zu Sätzen wie: »*Sie können sich gar nicht vorstellen, wie großartig das ist*«, »*Sie können sich gar nicht vorstellen, wie toll das ist*«, »*Toll, super, großartig, amazing!*«. Wenn Sie selber kein Wozu-Typ sind und das Gefühl haben: »Oh mein Gott, ich kann doch jetzt nicht so dick auftragen, das ist ja peinlich. Das wird der Sache nicht gerecht«, dann haben Sie die richtige Dosierung. Es muss ein bisschen schmerzen. *Großartig, unglaublich, das hat die Welt noch nicht gesehen* sind Beschreibungen, die Sie hier brauchen. Ebenso benötigen Sie Worte, die *Nutzen, Chancen, Potenziale* betonen.

Der Warum-Typ ist derjenige, der das Problem mag, weil er es liebt, Probleme zu lösen und darüber nachzudenken. Der Wozu-Typ hasst das Wort Problem und ist dagegen regelrecht allergisch. Das Wort Lösung ist auch nicht unbedingt seines, denn das ist ja das Wort für den Was-Typ. Hier geht es nicht um Alltag und Umsetzung, sondern um *groß Denken* und die *Zukunft*, also um *Nutzen, Chancen, Potenziale* und das Gefühl, dass *alles möglich ist*. Alles ist *leicht, luftig, sexy, machbar, easy going*. Das heißt im Umkehrschluss, wenn Sie zu jemandem gehen, der ein Wozu-Typ ist, und Sie malen ihm in düsteren Farben aus, warum das Ding nicht funktionieren kann und wo überall die Probleme und Hindernisse liegen, dann wird er ganz schnell abschalten und innerlich nicht mehr da sein. Wenn Sie zum Beispiel einen Chef, Kunden oder Mitarbeiter haben, der so tickt, und Sie ihn zu etwas bewegen wollen, dann werden Sie Ihre Argumentation umdrehen müssen und auf Nutzen, Potenziale und Superlative setzen, damit Sie ihn einfangen.

Jetzt stellt sich die Frage: Wie erkenne ich die einzelnen Typen? Lauschen Sie ein bisschen, sie verraten sich alle selbst. Und zwar durch die Worte, die sie nutzen, und durch das Tempo, in dem sie unterwegs sind. Der Warum-Typ wird nach dem Grund, dem Sinn und dem Kontext fragen. Er wird diese Worte selbst oft in den Mund nehmen. Der Wie-Typ als Zahlenmensch ist überhaupt nicht zu übersehen, da er diese Zahlenwelt immer bei sich trägt und korrekt ist, meistens auch optisch. Der Was-Mensch als Actionheld ist auch nicht zu übersehen, allein durch die Bewegung und den Pragmatismus. Und der Wozu-Typ outet sich ebenfalls über die Worte, die er sagt.

Insofern brauchen Sie nur hinzuhören, und dann bekommen Sie ein gutes Gefühl dafür, wo die Hauptschublade dieses Menschen ist. Natürlich sind wir alle eine Mischung aus allen vier Feldern, und wir sind aufgrund unserer Ausbildung und unseres Werdegangs in der Lage, alle vier zu bedienen. Aber wir haben eine Hauptschublade, aus der heraus wir meistens senden. Finden Sie bitte als Erstes heraus, welcher Typ Sie sind, und dann, welchem Quadranten Ihre häufigsten und wichtigsten Gesprächspartner angehören.

Eine weitere Frage stellt sich hierzu: Was mache ich denn eigentlich, wenn ich alle vier Typen im Raum habe? Davon ist auszugehen, wenn Sie mit Gruppen reden, also entweder mit Ihrem Team oder vor einer Kundengruppe oder vor einer Gruppe von Kollegen und Chefs. Was Sie dann tun können, ist, für Ihre Präsentation eine Reihenfolge zu wählen, die sich bewährt hat und alle vier Typen anspricht. Beginnen Sie mit dem Warum rechts oben – warum reden wir heute überhaupt über dieses Projekt? Sie erklären Sinn, Kontext, Hintergrundgeschichte, wie es dazu kam, Probleme, die es zu lösen gilt, und so weiter. Dann kommen Sie zum »Wie sieht das genau aus?« – zur Zahlen-, Daten-, Faktenlage. Hier geht es um Genauigkeit. Wie viele Projektgruppen starten an wie vielen Standorten, mit wie viel Umsatz, was genau ist die Prozentzahl dahinter und so weiter? Dann kommen Sie zum Was. Das ist der dritte Schritt. »Was tun wir jetzt?« – Aktionen, Projekt aufsetzen, erste Schritte einleiten, erste Maßnahmen ergreifen, vorangehen und so weiter. Und schließlich kommen Sie zu dem Punkt »Wozu ist das *noch* gut?« Hier würden Sie ein Fazit ziehen im Sinne von »Wozu führt uns das, wenn wir das Bestehende optimiert haben?«. Also, wenn dieses Projekt dann am Laufen ist, dann führt das dazu, dass damit noch mehr möglich ist. Dann fangen Sie an zu träumen und bauen die große Vision auf – in bunten Farben. Mit diesem Vorgehen haben sie dann alle vier erreicht. Diese Reihenfolge hat sich in unserem Kulturkreis auch deshalb bewährt, weil die ersten beiden Typen die kritischeren Zuhörer sind, die Sie erst einmal ins Boot holen müssen. Wenn Sie beim Traum und der Vision anfingen, würden die sehr schnell einhaken und sagen: »Aber stopp! Haben Sie das schon mal gerechnet? Ich habe noch nicht verstanden, warum wir das überhaupt machen sollen. Wo ist denn der Kontext? Wieso denn das?« Das wird eher unangenehm, deswegen hat sich die beschriebene Reihenfolge bewährt.

Sie können dieses Tool übrigens auch wunderbar als Gliederungstool nutzen, ob für Vorträge und Reden aller Art oder auch für Meetings, die Sie mit Ihrem Team haben. Auch da wäre es richtig, sinnvoll und zielführend, wenn Sie beginnen, indem Sie einfach das Wort Warum aussprechen. »Warum sind wir heute zusammengekommen?« Und dann erklären Sie warum, wieso, weshalb. Die nächste Überschrift zur Gliederung lautet: »Wie stellt sich das genau dar?« Dann kommen Sie zu den Fakten: »Was werden wir jetzt tun?« Hier geht es also um Actions. »Und wozu führt das schließlich?« Damit kommen Sie am Ende zum Ausblick.

Ihr To-do ist im ersten Schritt, herauszufinden, wer Sie sind. Wo ist Ihr Hauptausschlag, in welchem der Quadranten? Belauschen Sie sich selbst einmal und schauen Sie außerdem, was Ihre größten Allergie-Felder sind. Meistens ist es der Typ schräg gegenüber im Quadranten-Modell, mit dem wir am wenigsten gemeinsam haben. Warum-Mensch und Was-Mensch können nicht so richtig gut zusammen, und der Wie-Mensch kann nicht so richtig gut mit dem Wozu-Menschen.

Insofern ist es auch interessant, das Ganze als Team-Werkzeug zu nutzen und drauf zu schauen, welche Menschen Sie im Team haben. Wo sind Konfliktfelder? Auch die liegen manchmal darin, dass wir unterschiedlich sind. Sie täten gut daran, Ihrem Team das Ganze auch zu erklären oder darüber miteinander zu sprechen. Denn letztlich brauchen wir alle vier dieser Typen, denn wir profitieren von all diesen Kompetenzen, die jeweils dahinterliegen. Die Mischung macht's am Ende aus.

Kapitel 13

Wer fragt, der führt

Die folgenden drei Fragearten gehören auf jeden Fall in Ihren Werkzeugkoffer als Führungskraft. Wir haben in einigen anderen Kapiteln bereits die Thematik des Fragenstellens gestreift. Jetzt konkretisieren wir dieses Thema und schauen, welche Fragen wir brauchen und wie wir diese am besten so aufbauen, dass wir sie wirksam einsetzen können. »Wer fragt, der führt« ist ein alter Klassiker unter den Schlagworten zu Führung. Tatsächlich ist es so, dass Sie zum einen durch Fragen sehr stark unterstreichen können, dass Sie die Führungskraft sind und sich »berichten lassen«. Zum anderen können Sie Fragen nutzen, um ganz viel Informationen zu sammeln, im Kontakt mit Ihren Mitarbeitenden zu bleiben und zu verstehen, wo jemand steht.

Überhaupt Fragen zu stellen, ist schon der erste Pluspunkt, denn ich erlebe viele Führungskräfte, die fast ausschließlich im Sendemodus unterwegs sind und die davon ausgehen, dass es reicht, zu senden und den anderen zu erklären, was man von ihnen erwartet. Sie glauben, damit würde alles von selbst funktionieren. Zum einen reicht das natürlich nicht, wie wir schon an verschiedenen Stellen festgestellt haben. Denn leider ist es so, dass nur etwa 30 Prozent dessen, was wir sagen, überhaupt ankommt, so schätzen Kommunikationswissenschaftler. Zum anderen geht es bei Kommunikation in der Führungsrolle um viel mehr, nämlich auch darum, zu verstehen, um das Vereinbaren von Zielen, zu schauen, wo jemand gerade mental ist, was ihn motivieren könnte und so weiter. Dafür sind das Fragen und das Zuhören essenziell.

Fragen vertiefen unser Miteinander. In dem Moment, wo Sie eine Frage stellen, zeigen Sie dem anderen, dass die Antwort Sie interessiert. Sie hören zu und widmen ihm oder ihr Ihre volle Aufmerksamkeit. Das ist erst einmal verstärkend für die Kommunikation und auch die Beziehung untereinander.

> Fragen vertiefen unser Miteinander.

Noch mal zum Thema »Wer fragt, der führt«. Wenn Sie sich anschauen, wie Führungskräfte im Topmanagement unterwegs sind, oder denken Sie an die Queen, wenn sie Krankenhäuser oder soziale Einrichtungen besucht, dann sehen wir diese zugewandte Haltung immer sehr schön. Wenn Vorstände durch Produktionshallen gehen und sich »mal so blicken lassen auf der Fläche«, dann stellen sie allgemeine Fragen, sind interessiert – »Hm, ja, spannend« –, geben Bestätigung und lassen vielleicht noch etwas Kurzes einfließen. Aber wir sehen fast nie, dass jemand dann in dieser Rolle andere zutextet. Das wäre auch völlig unangemessen. Immer dann, wenn Sie unterwegs sind und Kontakt aufnehmen wollen, sind Fragen das Mittel der Wahl. Das gilt auch für jedes Kennenlernen, jedes Stehtischevent und Gespräche mit Ihrem Chef. Manche Menschen hören sich selbst gern reden, und alle Menschen freuen sich über Resonanz und wenn sich jemand für sie interessiert. Sie doch sicher auch, oder?

Im Folgenden wird es um drei Arten von Fragen gehen: Die erste Fragenart ist die sogenannte offene Frage. Dann brauchen wir die lösungsorientierten Fragen und als Drittes manchmal die geschlossene Frage für ganz bestimmte Zwecke.

1. Die offene Frage

In ganz vielen Kommunikationsfragen gibt es eine geschlechtsspezifische Unterscheidung. Sprachwissenschaftler haben dazu vieles erforscht, ausgezählt und beobachtet. Von offenen Fragen wissen wir, dass sie eher von Frauen verwendet werden und Männer eher zur geschlossenen Frage, also zum Ja-Nein-Check neigen. Die offene Frage ist jedoch die geeignetere, wenn es um Beziehungen – auch im Führungskontext – geht.

Sie funktioniert am besten mit folgenden Kriterien. Zum einen sollte sie kurz sein und nicht mehr als fünf bis sieben Worte beinhalten.

Sie sollte mit Wie oder Was anfangen, dann sind Sie immer auf der sicheren Seite, dass es nicht doch heimlich noch eine geschlossene Frage wird. »*Wie* geht es Ihnen heute?«, »*Was* treibt Sie um?« oder »*Wie* bewerten Sie das Projekt XY?« – das sind alles offene Fragen. Sie dienen dazu, dass der andere redet, und zwar möglichst viel.

Gleichzeitig sollten Sie das Ziel verfolgen, dass Ihre Frage eher weiter oben angesiedelt ist, also sich nicht im Detail vertieft. Stellen Sie sich vor, Sie sind ein Adler und fliegen auf 50 bis 60 Meter Höhe über einem Feld. Sie sehen das große Ganze und stürzen nicht wie ein Sperber – »zack« – auf den Vogel am Vogelhaus und lassen die Falle zuschnappen mit: »Und, alles klar bei Ihnen?« Ja, das ist eine geschlossene Frage. Dabei haben Sie keinen Erkenntnisgewinn, anders hingegen, wenn Sie jemanden fragen: »Was beschäftigt Sie heute?« Dann kann alles kommen. Der eine erzählt Ihnen, ihn beschäftige, ob er heute Abend noch Blumen gießen muss. Die Nächste sagt: »Mich beschäftigt, dass ich hier mit dieser Erklärung der IT-Abteilung einfach nicht vorankomme, und ich frag mich gerade, was da meine passende Strategie sein könnte.« Der Nächste antwortet: »Mich beschäftigt, wie es nach dem Ukraine-Krieg weitergeht und was die Folgen für unsere Kunden bedeuten.« »Was beschäftigt Sie?« kann also alles bedeuten, und für Sie ist es interessant, allein schon zu erkennen, auf welchem Niveau der andere unterwegs ist und was da gerade in seinem Kopf vorgeht. Denn wir hoffen ja oft als Führungskräfte, dass die Mitarbeitenden den gleichen Prioritätsfilter in ihrem Kopf haben wie wir und dass sie genau an den drei wichtigen Sachen arbeiten, die wir auch sehen würden.

Als Technik gehört zur offenen Frage auch, dass Sie nach dieser einen Frage keine andere Frage dranhängen, sondern sich zurücklehnen. Tun sie das auch körpersprachlich. Wenn es im Sitzen stattfindet, lehnen Sie sich zurück, hören zu und warten einfach.

Es gibt Spezialisten in Bewerberinterviews, aber auch in Kritikgesprächen mit Mitarbeitenden, die auf Ihre offene Frage mit einer Abwehrstrategie antworten, um mehr darüber zu erfahren, was Sie von ihnen hören wollen: »Ah ja, wie meinen Sie das jetzt, was in mir vorgeht oder was ich als Nächstes tun will?« Darauf antworten Sie einfach mit denselben Worten in einer etwas anderen Betonung: »Ja, was beschäftigt Sie im Moment?« Damit schieben Sie den Ball sinnbildlich wieder zum Gegenüber rüber. Dieses Bild passt gut zur offenen Frage: Der Ball sollte sich auf der anderen Hälfte des Spielfeldes befinden und sich möglichst nicht bei Ihnen aufhalten, der andere soll arbeiten. Er – oder natürlich auch sie – soll denken, sprechen und sich eingeladen fühlen, Sie an seinen oder ihren Gedanken teilhaben zu lassen. Sie geben eigentlich nur den Impuls, als ob Sie ein Mobile anstupsen würden. Und dann kommt es in Bewegung. Dafür ist die offene Frage gedacht, und sie ist wirklich stilvoll. Üben Sie das ruhig. In Workshops mit Führungskräften aller Ebenen zeigt sich immer wieder, dass es richtig schwer ist, bei den offenen Fragen zu bleiben. Es ist absolut ungewohnt für uns, offene Fragen zu stellen. Fast automatisch gehen wir dann doch zu geschlossenen Fragen über.

2. Die lösungsorientierte Frage

Diese Fragenart benötigen Sie für zahlreiche Gesprächsanlässe im Führungskontext. Sie brauchen sie für »bockige« Mitarbeitende, die keine Lust haben. Sie brauchen sie für mauernde Mitarbeitende, und um herauszufinden, was motivierte Mitarbeitende noch mehr motivieren könnte. Wenn Sie an Change-Projekte denken oder wenn Sie jemanden entwickeln möchten, wenn Sie mehr Eigenverantwortung erzeugen möchten oder sich wünschen, dass bei dem anderen das Gehirn anspringt. Sie brauchen sie, wenn Sie Verantwortung aufteilen oder verteilen wollen.

Die lösungsorientierte Frage ist sehr einfach. Es ist eine führende, zielorientierte Frage, bei der Sie sich bildlich vorstellen, Sie würden Ihr Gegenüber am Halsband relativ eng führen, und zwar in Richtung einer Lösung oder eines Ziels. Ich gebe Ihnen mal ein paar Beispiele: »Was werden *Sie* tun, damit Sie sich mit diesem Projekt anfreunden können?«, »Was können *Sie* tun, damit Sie sich besser in diese Aufgabe einarbeiten?« oder auch »Was können *Sie* tun, damit dieser Fehler einmalig bleibt?« Sie merken schon ganz deutlich: Der andere ist jetzt dran. Vom Gefragten erwarte ich die Lösung und dass er sich einen Kopf macht und Verantwortung übernimmt. Das »Sie« ist jeweils kursiv gedruckt, denn darauf kommt es an. Nicht Sie sollen etwas tun, damit ein Fehler eines Mitarbeitenden sich nicht wiederholt. Nicht Sie sollen etwas tun, damit die Mitarbeiterin sich mit einem Projekt anfreundet. Hier liegt die Verantwortung beim Gegenüber.

Diese Frage unterstellt – und das macht sie so positiv und so konstruktiv –, dass Ihr Gesprächspartner schlau genug ist, eine Lösung zu finden. Wir würden ja jetzt nicht jemanden, der überhaupt nicht rechnen kann, nach einem Dreisatz fragen: »Was können Sie tun, um diese Formel zu lösen?« Das ist ja sinnlos. Wir sind hier in Themenfeldern unterwegs, bei denen es um Haltung, Verhalten, Einarbeiten, Engagement, sich anders benehmen et cetera geht. Das sind alles Themen, die man von Mitarbeitenden erwarten kann. Es ist nichts Unmögliches, was Sie erwarten. Sie sehen an der Frage »Was wirst du tun, damit … (und Ihr Ziel für den Mitarbeiter ersetzt hier die Pünktchen)?«, dass die Verantwortung für die Lösung zu 100 Prozent beim Gegenüber liegt. Bildlich vorstellen können Sie sich das mit einem Äffchen. Dieses Äffchen wird auf die Schulter des Gegenübers gesetzt und nicht auf Ihre Schulter.

Wir beobachten häufig, dass sich Führungskräfte an der Lösung eines Problems oder einer Verhaltensweise von Mitarbeitenden abarbeiten, obwohl es überhaupt nicht ihre Verantwortung und ihr Job ist, sondern der Mitarbeitende dran ist. Nehmen wir den Klassiker des ewig zu spät kommenden Mitarbeiters. »Was werden Sie tun, damit Sie ab sofort pünktlich sind?« Darin ist eine klare Erwartung enthalten und ganz eindeutig »Du bist dran und ich will hier von dir hören, was dein Beitrag sein wird«.

Diese Fragenart bauen Sie immer nach dem gleichen Muster auf. »Was werden Sie tun, damit …?« Und hinter dem »damit« folgt Ihr Ziel. Das heißt, Sie müssen vorher kurz überlegen, was Sie genau von dem anderen möchten. Beim Zuspätkommen ist es einfach, derjenige soll pünktlich sein. Bei demjenigen, der dauernd andere unterbricht, ist es einfach, er soll andere ausreden lassen. Und genau das hängen Sie dann hinter das »damit«. »Was werden Sie tun, damit Sie ab sofort im Meeting alle anderen ausreden lassen?« Klare Aufforderung, aber eine konstruktive Frage, und der andere darf die Lösung erarbeiten. Diese Technik funktioniert unglaublich gut und ist ein so wirksames

Führungswerkzeug, dass man fast allein damit schon durchs Leben kommt. Gleichzeitig entwickelt man Mitarbeitende zu mehr Eigenverantwortung, indem man sich selbst nicht an deren Problemen abarbeitet. Im nächsten Kapitel geht es übrigens darum, Kritikgespräche zu führen. Dafür benötigen wir diese Frage auch unbedingt. Also legen Sie sie bitte in Ihr Werkzeugköfferchen.

Kommen wir noch einmal auf das Äffchen zurück. Sie können die Frage auch etwas abschwächen. Wenn Sie meinen, dass Sie auch in der Verantwortung seien, etwas zu ändern, und eines der zwei Äffchen auf Ihre Schulter gehöre, dann wandeln Sie das »Sie« in ein »wir« um. »Was können wir tun, damit sich die Situation mit der IT entschärft?« Damit teilen Sie sich die Verantwortung.

Wenn Sie sogar sagen: »Das ist absolut und ausschließlich mein Job, da will ich mich reinhängen«, dann lautet die Frage: »Was kann *ich* tun, damit Sie sich bei uns wohlfühlen?« In diesem Fall passt es, das Äffchen auf Ihre Schulter zu setzen. Aber Vorsicht für alle »Netten« unter Ihnen und für alle hilfsbereiten, fürsorglichen Vorgesetzten: Die Frage, die Sie im Führungskontext am häufigsten brauchen werden, lautet: »Was werden *Sie* tun, damit Sie das ändern?«

> **Aber Vorsicht für alle »Netten« unter Ihnen und für alle hilfsbereiten, fürsorglichen Vorgesetzten: Die Frage, die Sie im Führungskontext am häufigsten brauchen werden, lautet: »Was werden Sie tun, damit Sie das ändern?«**

3. Die geschlossene Frage

Diese Fragenart fällt den meisten von Ihnen eher leicht. »Haben Sie das erledigt? Kriegen Sie das hin? Sind Sie schon so weit? Haben Sie das schon mal irgendwo gemacht? Kennen Sie sich da aus? Geht es Ihnen gut? Alles klar? Läuft es bei Ihnen?« All das sind Fragen, wo Sie eigentlich nur einen Haken abholen wollen. Multiple Choice gehört auch dazu: Ja, nein, weiß nicht.

Ja und Nein oder auch ein Fakt sind die klassischen Antwortkategorien für geschlossene Fragen. »Um wie viel Uhr ist das Meeting?« »Wer nimmt daran teil?« Check, check, check. Solche Fragen eignen sich für Checklisten oder die Diagnostik beim Arzt: »Merken Sie das? Wenn ich hier drücke, tut es dann weh?« Dann antwortet man mit Ja, Nein oder weiß nicht. Für die Abfrage von Fakten und Checklisten reicht die geschlossene Frage, aber für mehr auch nicht.

Sie brauchen diese Frage im Führungskontext vor allen Dingen für eines, nämlich wenn Sie sich ein »Ja!« abholen wollen. Das kennen Sie, wenn Sie Vertriebler sind, auch aus dem Verkaufsgespräch. Wir möchten dreimal hintereinander ein »Ja« von unserem Kunden haben, dann haben wir ihn schon fast an der Angel. Dafür brauchen Sie also die geschlossene Frage im Führungskontext. Ein Ja abholen bedeutet, wir möchten eine verbindliche Zusage bekräftigen, beispielsweise: »Kann ich mich darauf verlassen, dass Sie das jetzt hinbekommen?« »Ja, Chefin!« »Kann ich davon ausgehen, dass Sie das jetzt auf Ihre Schulter nehmen und es angehen werden?« All diese »Ja, mache ich, verspreche ich Ihnen« brauchen wir manchmal. Und dieses Ja können Sie bei Bedarf noch verschärfen oder verstärken, indem Sie ein solches Gespräch mit einem Handschlag beenden. Stellen Sie sich vor, Sie führen ein Kritikgespräch und ganz am Ende fragen Sie: »Kann ich mich darauf verlassen, dass Sie das abstellen?« Und derjenige sagt: »Ja, okay.« Dann stehen Sie auf, geben ihm oder ihr die Hand über den Tisch und schütteln diese. Das unterstreicht eine ganz andere Verbindlichkeit, als wenn Sie einfach sagen: »Gut, ich gehe davon aus, dass Sie das jetzt machen.« Da schleicht derjenige eher raus und denkt sich wahrscheinlich: »Du mich auch.« Das wiederum ist meistens nicht zielführend. Hier brauchen wir also die geschlossene Frage, um das Ja abzuholen.

Generell gehören das Zuhören und das Schweigen-Können zur Fragetechnik dazu. Lehnen Sie sich also zurück, halten Sie den Mund, nicken Sie freundlich, stellen Sie Augenkontakt her. Den eigenen Mund geschlossen zu halten, liest sich so leicht und ist doch so schwer. Sehr häufig würden wir dem an-

Generell gehören das Zuhören und das Schweigen-Können zur Fragetechnik dazu.

deren gern erzählen, welche genialen Verhaltensvorschläge wir für ihn hätten und welche Maßnahmen er alle ergreifen sollte, um … Das Schweigen gewinnt hier jedoch eindeutig.

Sie können all das wunderbar im privaten Kontext üben. Indem Sie Ihren Partner, Ihre Partnerin fragen: »Wie war dein Tag?« statt »Und, hattest du einen schönen Tag?« Ersteres dauert zwar länger, wenn Sie die Antwort bekommen, aber es gibt dem anderen ein deutlich besseres Gefühl, dass Sie wirklich interessiert sind, wenn Sie denn bei der Antwort auch stehen bleiben, Blickkontakt halten und nicht parallel Zeitung lesen oder auf dem Handy rumtippen.

Kapitel 14

In fünf Schritten erfolgreich durch ein Kritikgespräch führen

Gehen wir mal davon aus, dass Sie mit einem Mitarbeiter schon vieles versucht haben: deutliches Erwartungsmanagement und ehrliches und konstruktives Feedback. Dennoch ist es noch nicht gelungen, ihn oder sie wieder auf Spur zu bringen. (Zu beiden genannten Techniken gibt es übrigens Podcastfolgen von mir, der Podcast heißt »Leadership Coaching« und es gibt ihn überall, wo es Podcasts gibt, oder auf meiner Website.) Manche Mitarbeitenden verstehen nicht, dass es fünf vor zwölf ist und wir es wirklich ernst meinen. Oder es sind diejenigen, die alle Regeln für sich ausnutzen und den Bogen überspannen. Oder sie halten sich gar nicht an Regeln, weil sie sie spießig finden und glauben, sie seien so gut, dass sie sich Fehlverhalten leisten können. Wenn also Feedback und Erwartungsmanagement allein nicht mehr reichen, dann brauchen wir etwas Stärkeres, und zwar ein Kritikgespräch. Wir reden mit jemandem darüber, was wir an Kritikpunkten haben und was wir uns stattdessen für die Zukunft an Verhalten wünschen.

Es ist fair, das zu tun und es auch in aller Deutlichkeit zu tun. Denn nur daraus können Mitarbeitende erkennen, dass es wirklich ernst ist. Ich habe als Personalchefin sehr viele Gespräche erlebt, in denen Mitarbeitende wirklich erschrocken waren, dass es doch so ernst ist, weil sie vorher die Einschläge nicht bemerkt haben oder es wirklich keiner mit ihnen besprochen hat. Und das ist in Sachen Fairness einfach

> Je deutlicher Sie ein Kritikgespräch führen und je frühzeitiger Sie es machen, umso besser ist es für die gemeinsame Zusammenarbeit.

nicht okay. Insofern gilt: Je deutlicher Sie ein Kritikgespräch führen und je frühzeitiger Sie es machen, umso besser ist es für die gemeinsame Zusammenarbeit.

Sie brauchen keine Sorge zu haben, dass Kritik Mitarbeitende per se demotiviert. Natürlich sind sie jetzt nicht euphorisch und sagen: »Toll, ich bin gerade mit einer Kritik bedient worden und bin jetzt total motiviert. Das hat mir einen Kick gegeben!« Es dauert vielleicht ein paar Tage, bis sie einsichtig sind. Noch grummeln sie vor sich hin oder sind ein bisschen betroffen. Aber das legt sich. Wenn das Gespräch gut aufgebaut und fair geführt wird, dann sind Mitarbeitende oft froh, genau zu wissen, was jetzt von ihnen erwartet wird, und setzen das dann einfach auch um. Bei der überwiegenden Mehrzahl von Mitarbeitenden können wir davon ausgehen, dass sie sich wünschen, dass zwischen ihnen und uns als ihren Führungskräften alles im grünen Bereich ist.

Ich stelle Ihnen nun einen Ablauf in fünf Schritten vor, der im Grunde immer funktioniert, unabhängig vom Thema, und der insgesamt nicht länger als ungefähr zehn Minuten dauern muss. Wenn man üblicherweise Kritikgespräche führt, arbeitet man sich eine halbe bis eine Stunde dran ab. Wir sehen auch gleich, warum das der Fall ist und wo die Zeitfresser liegen. Dieses Modell, das ich entwickelt habe, geht tatsächlich schnell. Und es ist alles enthalten, was es für ein gutes Gespräch braucht. Danach geht es dann bergauf. Die Grundaussage sei vorweggestellt: Die Redezeit im Kritikgespräch sollte zu 90 Prozent beim Mitarbeitenden liegen. Ihr eigener Anteil liegt bei rund 10 Prozent, und das ist schon der erste Unterschied zur meist beobachtbaren Praxis.

> Die Redezeit im Kritikgespräch sollte zu 90 Prozent beim Mitarbeitenden liegen.

Es beginnt bereits vor dem eigentlichen Gespräch, damit es eine positiv besetzte und faire Situation wird, nämlich damit, dass Sie denjenigen oder diejenige zu einem Gespräch einladen und gleich in der Einladung mitteilen, worum es geht. »Herr Müller, wir müssen uns bitte morgen um 10 Uhr zusammensetzen. Ich möchte mit Ihnen über den Vorgang bei Firma Peterson noch mal reden. Da liegt eine Beschwerde vor.« Oder: »Ich würde gerne mit Ihnen heute Nachmittag um drei über Ihr Verhalten heute Morgen im Teammeeting sprechen.« Kennen Mitarbeitende das Thema, können sie sich mental vorbereiten. Das ist gut, denn wir wollen und brauchen vorbereitete Mitarbeitende. Sie sollen nämlich nachher im Gespräch die Lösung des Problems erarbeiten. Und sie sollen natürlich auch die Chance bekommen, den Betriebsrat mitzubringen oder sich auch emotional darauf einzustellen, dass das jetzt kein Beförderungsgespräch wird.

Manche Führungskräfte meinen, ein Kritikgespräch lebe doch auch vom Überraschungsangriff. Das sehen wir zum Teil in Videos, wenn wir Übungsgespräche in Seminaren aufzeichnen. Dann erleben wir immer wieder so abstruse Gesprächseröffnungen: Der Mitarbeiter kommt rein, die Führungskraft sagt: »Nehmen Sie Platz. Na, was glauben Sie, warum habe ich Sie eingeladen?« Der Mitarbeiter kommt daraufhin mit der ersten kleinen »Beichte« um die Ecke. Vielleicht wegen der und der Sache? Die Führungskraft verneint und lässt weiterraten. Das ist nicht nur wenig würdevoll, Sie erreichen damit auch nur negative Nebenwirkungen. Er oder sie fühlt sich sofort angegriffen oder vorgeführt und geht in eine Verteidigungsecke. Die Basis für das Gespräch ist schon vergiftet. Es ist deshalb nicht sinnvoll, so vorzugehen. Wir brauchen einen konstruktiven Stil auf Augenhöhe, damit der Mitarbeiter auch konstruktiv und erwachsen reagieren kann und keine Eltern-Kind-Geschichte daraus wird, die jeden an früher erinnert, wo man dann mit dem Rücken zur Wand sitzt und nur noch patzig maulen kann. Das hilft uns nicht weiter.

Schritt 1: Konfrontieren

Der erste Schritt im Gespräch ist die Konfrontation mit dem Vorgefallenen. Das kann alles Mögliche sein: »Mir liegt von der Firma Peterson diese Beschwerde vor, die Sie verursacht haben«, oder auch: »Ich möchte noch mal auf das Meeting heute Morgen eingehen, wo Sie Frau Müller unterbrochen und angefangen haben, das ganze Projekt zu beschimpfen und in Grund und Boden zu reden, indem Sie zu jedem Punkt ›Ja, aber‹ sagten und dann alles mit negativen Argumenten belegten«. Diese Beschreibung sollte nicht länger als 15 Sekunden dauern. In diesen 15 Sekunden schildern Sie einfach nur, worum es geht. Mehr noch nicht, vor allem sagen Sie nicht das, was man typischerweise hier hört: »… und das geht ja nicht, weil … Wenn das jeder machen würde … Sie sollten viel mehr …«

Dann leiten Sie den Seitenwechsel mit einer offenen Frage ein, nämlich mit der Frage »Was sagen Sie dazu?« Sie fragen *nicht*, und das ist hier deutlich anders als in der üblichen Praxis: »Warum? Warum haben Sie das gemacht? Was ist denn da in Ihnen vorgegangen? Was hat Sie denn da geritten?« All diese Fragen würden dazu führen, dass der andere sich verteidigt und mit dem Rücken an der Wand steht. »Was sagen Sie dazu?« ist neutral und reicht einfach nur sinnbildlich das Mikro rüber. Es ist kein Vorwurf enthalten und Sie geben Ihrem Gegenüber die Gelegenheit, das Vorgefallene zu erklären, ohne sich rechtfertigen zu müssen.

Bevor wir zur zweiten Stufe kommen, muss ich noch kurz sagen, warum es so wichtig ist, dass der Seitenwechsel so schnell vollzogen wird. Zum einen müssen Sie sicherstellen, dass Sie mit dem oder der Richtigen sprechen und sich nicht vertan haben, dass die Firma Peterson gar nicht von Herrn Müller, sondern Frau Meier bearbeitet wurde. Das würden Sie auf diese Weise schnell herausfinden.

Gleichzeitig ist wichtig, dass Sie schon nach 15 Sekunden den Mitarbeitenden das erste Mal hören, also akustisch hören und sprechen lassen. So können Sie sehr früh erkennen, wie er oder sie eigentlich drauf ist. Es gibt Mitarbeitende, die sofort sagen: »Asche auf mein Haupt, ich weiß, das war überhaupt nicht okay. Und ich habe auch schon einen Plan gemacht, wie ich das für die Zukunft vermeiden kann.« Dann ist ja alles bestens und Sie finden gemeinsam eine schnelle und konstruktive Lösung. Eine Wiederholung ist dann fast ausgeschlossen. Es kann aber auch anders laufen: Ihr Gegenüber kommt sofort mit Gegenwind über den Tisch gesprungen (hoffentlich nur sinnbildlich) und sagt: »Sie sind mir witzig. Jahrelang reiß' ich mir hier den Hintern auf. Jetzt geht einmal was schief und dann werde ich hier gleich vorgeladen.« Okay, dann wissen Sie: Alles klar, wir brauchen hier eine andere kleine Rüstung für uns selbst, um das Gespräch konstruktiv zu drehen, denn wir haben jemanden vor uns sitzen, der richtig geladen ist.

Schritt 2: Anhören

Die zweite Phase lautet ganz schlicht: den Mitarbeitenden anhören. Dazu sind Sie arbeitsrechtlich sowieso verpflichtet. Und natürlich möchten Sie hören, was derjenige dazu sagt. Meistens kommt dann die Rechtfertigungsschleife: »Ja, ich konnte nicht anders, weil … mein Hund morgens irgendwie krank war. Und da war ich so unter Druck, besonders in dem Meeting. Und als dann die Kollegin so lange geredet hat …« Hier können Sie Zeit sparen, indem Sie das Ganze elegant einkürzen und sagen: »Danke! Also Sie wissen, worum es geht. Das ist doch gut.« Der Mitarbeitende hat offensichtlich verstanden, was Sie gemeint haben. Wenn er oder sie jetzt abermals in die Rechtfertigung abdriftet, dann kürzen Sie es ab, zum Beispiel mit der Formulierung: »Okay, lassen Sie uns lieber die Zeit nutzen, gemeinsam nach vorn zu schauen. Ich möchte gar nicht länger in der Rechtfertigung oder in der Erklärung verweilen. Wir beide wollen heute zusammen nach einer Lösung suchen.« Ausreden, Rechtfertigungen und Geschichten, die sonst kommen würden, haben meistens keinen wirklichen Nutzen, der jetzt der Lösung dient. Und wenn doch, dann können diese Punkte gleich nachher im vierten Schritt immer noch kommen. Die zweite Stufe beinhaltet also, den Mitarbeitenden anzuhören, bei Rechtfertigungen abzukürzen und dann nach vorn zu lenken.

Schritt 3: Ziel und Erwartung formulieren

Beim dritten Schritt formulieren Sie Ihre Erwartung und Ihr Ziel dem Mitarbeitenden gegenüber. Sie sagen also nicht, was Sie *nicht* mehr haben wollen, sondern Sie sagen, was Sie zukünftig in diesen oder ähnlichen Situationen von dem Mitarbeitenden erwarten. Nehmen wir das Beispiel des Teammeetings. »Ich erwarte von Ihnen, dass Sie zukünftig andere ausreden lassen, konstruktive Kritik an Projekten üben, sich dabei an eine normale Umgangssprache halten und die Kommunikationsregeln unseres Unternehmens einhalten.« Oder auch: »Ich erwarte von Ihnen, dass Sie zukünftig pünktlich sind, pünktlich zum Job erscheinen und pünktlich aus der Pause zurückkommen.« Mehr nicht.

Im normalen Alltag sagen Führungskräfte häufig jetzt schon, wie der andere das erreicht. Nehmen wir mal den zu spät Kommenden. Da werden Chefs dann kreativ und sagen: »Sie könnten doch einen Bus früher nehmen und sich einen zweiten Wecker stellen und Sie könnten, könnten, könnten.« Was nun passiert, ist, dass das Gegenüber zuhört, wobei das Gesagte zum linken Ohr reingeht und rechts wieder raus. Man sieht förmlich, wie keiner mehr zu Hause ist im Kopf. Diese Tipps von Ihnen sind vielleicht absolut richtig, aber sie bewirken nichts, weil der Betroffene sie nicht selbst mit Anstrengung entwickelt hat, sondern einfach nur durchwinkt. Das merken Sie typischerweise an der lustlos vorgetragenen Äußerung: »Ja, kann ich ja mal versuchen.« Das kennen wir ja von Kindern und Jugendlichen auch und erinnern uns an unsere eigene Vergangenheit. Man lernt sehr früh, ein solches Gespräch mit bravem Nicken einfach mal auszuhalten und innerlich durchzuwinken. Daraus folgt jedoch extrem selten eine Verhaltensänderung, und die wollen wir hier erreichen.

Eine bessere Variante ist, Sie formulieren nur Ihr Ziel, der Mitarbeiter sei ab sofort pünktlich aus der Pause zurück und morgens ab sofort pünktlich im Job. Im Anschluss brauchen Sie die konstruktive, lösungsorientierte Frage, die wir im vorangegangenen Fragekapitel bearbeitet haben. Sie fragen den Mitarbeitenden nach der Lösung und reichen ihm damit praktisch das Mikro rüber: »Was werden Sie tun, damit Sie das erreichen?« Dann schweigen Sie, lehnen sich zurück und zeigen damit »Du bist dran, der Ball ist in deinem Spielfeld«.

Schritt 4: Lösungen erarbeiten (lassen)

Damit sind wir im Hauptteil des Gesprächs angelangt, hier wird oft die meiste Zeit benötigt. Der Mitarbeitende erarbeitet die Lösung. Das Wort *Arbeit* möchte ich hier wirklich highlighten, denn genau das wollen wir sehen: Ihm oder ihr sollen jetzt sinnbildlich kleine Schweißtropfen die Stirn herunterrinnen und hektische Flecken am Hals heraufkriechen. Je mehr sich jemand anstrengt, nachdenkt und grübelt, umso gehaltvoller und nachhaltiger wird die Lösung sein und umso höher die Wahrscheinlichkeit, dass es umgesetzt wird. Wenn Sie jemanden fragen: »Was wirst du tun, damit du ab sofort pünktlich bist?«, und er schmeißt Ihnen einfach schnell etwas Leichtes über den Tisch, dann merken Sie sofort, dass er es nicht so richtig ernst meint.

Sie hören sich an, was da als Vorschlag kommt. Wenn Sie das Gefühl haben, da geht aber noch richtig was, dann fragen Sie ein paarmal hintereinander: »Und noch?«, und warten auf eine weitere Idee. »Und sonst?« Es kommt vielleicht noch ein Vorschlag, dazwischen Grübelmomente. Die besten Gedanken, die gehaltvollsten Vorschläge kommen zum Schluss aus der Deckung. Das heißt, wer nicht schon mit einem fertigen Plan ins Gespräch kam, weil er sich vorbereitet hat, der muss Ihnen gegenüber am Tisch die Lösung erarbeiten. Sind die Ideen gut, dann bestätigen Sie sie positiv durch: »Prima! Sehr schön. Finde ich gut. Freut mich.«

Sollte Ihnen die ganze Zeit schon ein guter Vorschlag auf der Zunge liegen, der so noch nicht vom Mitarbeitenden gekommen ist, dann holen Sie bitte vor dem Äußern Ihrer Idee das »Ja« Ihres Gegenübers ab. Warten Sie bis zum Ende aller Lösungsansätze des Mitarbeitenden und fragen dann: »Ich habe auch noch eine Idee für Sie. Möchten Sie sie hören?« Das ist eine rein rhetorische Frage, das ist mir klar, weil Sie sie natürlich sowieso preisgeben werden, Ihre tolle Idee. Aber diese rhetorische Frage hat die Funktion, dass der andere seinen Kanal vom Erarbeitungsmodus in einen Aufnahme-/Zuhörmodus umstellt. Das heißt, in dem Moment, wo Sie die Frage stellen: »Ich habe auch noch eine Idee für Sie, möchten Sie die hören?«, und er Ja sagt, öffnet er den Kanal. Dann können Sie Ihre Idee zu seinen hinzufügen, und dann ist diese Phase schon beendet.

Schritt 5: Maßnahmen zusammenfassen

Die letzte Phase besteht darin, die Maßnahmen zusammenzufassen und gegebenenfalls Konsequenzen aufzuzeigen. Entweder fassen Sie die Maßnahmen zusammen oder lassen den Mitarbeitenden, je nach Typ und Situation, die Maßnahmen selber zusammenfassen. »Okay, wir haben also verabredet, Sie machen das und das. Ich melde Sie bei dem Kurs an und dann sehen wir uns in zwei Wochen wieder.«

Konsequenzen aufzuzeigen, ist etwas mit Vorsicht zu genießen, denn manchmal macht man sich damit ein gutes Gespräch wieder kaputt. Nehmen wir mal an, es war ein wirklich konstruktives, fruchtbares Gespräch, wo der andere absolut verstanden hat, worum es geht, und dann auch noch eine tolle Lösung entwickelt hat. Wenn Sie nun sagen: »Ich möchte nur noch mal sagen, wenn das noch mal passiert, dann müssen wir das eskalieren und treffen uns im Personalbereich wieder und Sie bekommen eine Abmahnung«, ist es einfach schade. Manchmal jedoch ist es trotzdem erforderlich. Wenn Sie zum Beispiel jetzt schon eine Abmahnung erteilen müssen, weil der Vorgang so geartet war, dass Sie arbeitsrechtlich gar nicht anders können, dann müssen Sie dem Mitarbeiter abschließend natürlich sagen: »Leider muss ich Ihnen aus Gleichbehandlungsgründen und arbeitsrechtlichen Vorgaben eine Abmahnung ausstellen lassen. Es tut mir sehr leid, da ich sehe, Sie haben verstanden, was der Fehler war, und Sie werden alles dafür tun, dass es nicht wieder passiert.« Sie können in solchen Fällen dafür sorgen, dass die Abmahnung beispielsweise zeitlich auf ein Jahr befristet und dann aus der Akte entfernt wird, sodass kein Schatten auf dem Mitarbeitenden verbleibt.

Es kommt auf den Einzelfall an. Wenn Sie einen Personalbereich im Unternehmen haben, klären Sie unbedingt *vor* so einem Gespräch, wie weit Sie mit den Konsequenzen, Androhungen oder auch mit der Strenge oder mit dem Erwartungsmanagement gehen dürfen. Tun Sie das auch, wenn Sie einen Vorgesetzten haben, der dazu neigt, wieder umzuschwenken und den »good guy« zu spielen. Nicht, dass sich der Mitarbeitende hinterher bei Ihrem Chef beschwert und der dann sagt: »Ja, aber das ist ja auch unzumutbar. Jeden Tag pünktlich zur Arbeit. Um Gottes willen. Und das bei Ihrer privaten Situation? Nein, nein, nein, das verstehe ich total. Da rede

> Wenn Sie einen Personalbereich im Unternehmen haben, klären Sie unbedingt *vor* so einem Kritikgespräch, wie weit Sie mit den Konsequenzen, Androhungen oder auch mit der Strenge oder mit dem Erwartungsmanagement gehen dürfen.

ich noch mal mit Ihrer Chefin.« So etwas fehlt einem ja gerade noch, das macht man als Führungskraft nur einmal mit. Insofern sichern Sie sich bitte vorher ab und fragen Sie Ihre Führungskraft, ob sie da mitgeht. Und wenn Sie einen Personalbereich haben und es wirklich eine ernste Geschichte ist, stimmen Sie sich auch hier vorher ab, was es Arbeitsrechtliches zu beachten gilt.

Ganz zum Schluss des Gesprächs besiegeln Sie dann alles mit einem Handschlag und holen sich das innere Ja ab, wie im vorangegangenen Fragenkapitel beschrieben. »Okay, Frau Müller, dann gehen wir so auseinander, kann ich mich darauf verlassen, dass Sie das jetzt hinkriegen mit dem pünktlich zur Arbeit erscheinen?« »Ja, versprochen, Chefin.« Anschließend gibt es einen Handshake über den Tisch und ein verbindliches Ende.

Es ist wichtig, dass *Sie* das Gespräch beenden. Damit unterstreichen Sie noch einmal, wer die Führungskraft ist. Sie stehen auf, geleiten Ihr Gegenüber zur Tür und damit ist das Gespräch beendet. Analog würden Sie per Video das Ende deutlich einleiten. Da funktioniert es natürlich nicht mit dem Händeschütteln, hier brauchen Sie ein deutliches Kopfnicken.

Mit diesem Gesprächsablauf haben Sie tatsächlich meistens einen Erfolg gelandet. Wenn ich eine Schätzung abgeben sollte, würde ich sagen, 90 Prozent der Fälle gehen gut aus. In denen wird sich ein Verhalten so ändern, dass Sie und die Mitarbeitenden davon profitieren. Da wird die Botschaft angekommen sein. Nur 10 Prozent werden wahrscheinlich weiter eskaliert werden müssen, über die Abmahnung bis irgendwann zur Trennung, aber das ist eher die Ausnahme.

Insofern brauchen wir dieses Gespräch nicht nur in Fällen, bei denen es mittelfristig auf eine Trennung hinauslaufen soll. Auch bei Mitarbeitenden, die eigentlich total klasse sind, kann es immer wieder Anlässe geben, genau solch ein Gespräch zu führen. Über die Tonalität und das Setting können Sie deutlich zeigen, um welchen Fall es sich handelt.

Probieren Sie diese Gesprächsführung aus und sparen Sie eine Menge Zeit. Damit machen Sie Ihre Erwartungen noch deutlicher und sorgen dadurch letztendlich auch für Gerechtigkeit im Team. Damit eben nicht manche die Regeln mit Füßen treten, sich zulasten anderer bereichern oder faul sind und ihre Kollegen für sich arbeiten lassen. Alles das können Sie durch diese Gesprächsführung unterbinden und damit für ein besseres Miteinander sorgen.

Kapitel 15

Zehn Strategien für effektive Meetings, um Lebenszeit zu sparen

Meetings sind Lebenszeit. Sich das regelmäßig zu verdeutlichen, ist auf jeden Fall sinnvoll. Wir haben nur ein Leben. Dies ist keine Generalprobe, sondern in der Regel wohl die Premiere. Davon ist im Moment zumindest nach aktuellem Wissensstand auszugehen. Das heißt, wir tun gut daran, Zeit zu sparen und mit unserer Zeit so sinnvoll und so effizient wie möglich umzugehen. Es sei denn, wir sind gerade am Vor-uns-hin-Träumen. Dann benötigen wir natürlich weder Effektivität noch Effizienz, aber bei Meetings ist das anders.

Wenn wir uns aktuell umschauen, was heute gerade *en vogue* ist, dann hetzen wir nicht mehr über die Flure oder die Betriebsgelände von einem Meeting zum nächsten, sondern von einem Zoom- oder Teams-Meeting zum nächsten. Und zwar pausenlos und ohne Wegezeit. Und so arbeiten wir dann oft den ganzen Tag ohne Unterbrechung in irgendwelchen Meetings. Wenn wir diese nicht selbst verantworten, dann sind wir oft abhängig davon, dass andere die Effektivität und Effizienz eines Meetings sicherstellen. Da heißt es oft: aushalten und sich anderweitig sinnvoll beschäftigen, wenn es nicht funktioniert und für und von uns nicht zu ändern ist.

Sind wir aber Gastgeber und/oder Moderator eines Meetings, dann gibt es dafür jetzt zehn Strategien, wie Meetings effektiv werden und auch effizient. Schauen wir uns diese an, und zwar unabhängig davon, ob es ein Präsenzmeeting ist oder ein virtuelles. Online-Meetings werden im nächsten Kapitel noch ergänzend unter die Lupe genommen.

1. Strategie: Eine Agenda erstellen

Der erste Punkt ist die Agenda, also die Frage: Worüber möchten wir in diesem Meeting sprechen? Die Agenda ist sozusagen das Inhaltsverzeichnis, das wir brauchen. Das können Sie entweder allein in Vorbereitung eines Meetings erstellen oder, wenn es sich zum Beispiel um ein Teammeeting handelt, erstellen lassen, indem Sie die Punkte einsammeln. Ob Sie das mündlich tun, im letzten Jour fixe schon für den nächsten gesammelt haben oder ob Sie ein gemeinsames Laufwerk haben, wo dann in einem Dokument Themen gesammelt werden – das ist vollkommen wurscht. Wichtig ist, dass Sie tatsächlich eine Agenda erstellen und diese auch bitte vorher verkünden. Das heißt, alle Teilnehmenden eines Meetings sollten wissen, worüber wir heute reden. Dann kann sich nämlich jeder vorbereiten, und es gibt dann nur noch sehr wenig Raum für die Entschuldigung: »Ich wusste nicht, dass wir darüber heute sprechen wollen. Sonst hätte ich mich natürlich auch vorbereitet.« Das fällt mit einer verteilten Agenda schon mal weg. Wir benötigen die Agenda gleich noch einmal für die Zeitplanung. Erfahrungsgemäß ist die Agenda zu lang, es steht viel mehr drauf, als in der geplanten Zeit zu schaffen ist. Deshalb schauen wir uns das gleich noch mal näher an. Sie haben also eine Agenda erstellt. So weit, so gut.

2. Strategie: Das Ziel des Meetings definieren

Neben der Agenda benötigen Sie die Zieldefinition für das Meeting. Und das ist beileibe nicht das Gleiche wie der Inhalt, über den Sie sprechen wollen. Die Leitfrage lautet hierfür: Was möchten Sie mit diesem Meeting erreichen? Das Ziel und der Inhalt sind zwei verschiedene Punkte. Während die einen noch eine Agenda hinkriegen, so fehlt die Zieldefinition eigentlich fast immer.

Mit der Zieldefinition ist also gemeint, gedanklich zur Vorbereitung einen Satz zu ergänzen, der da lautet: »Am Ende dieses Meeting sollen alle Teilnehmenden …« – Nämlich was? Eingeschworen sein? Ihre Probleme losgeworden sein? Meier und Schulze kennen gelernt haben? Sich miteinander ausgetauscht und das Elend der Woche irgendwie hiergelassen haben? Was ist Ihr Ziel? Sollen die Teilnehmenden nur etwas verstanden haben? Sollen sie etwas mitgeteilt haben? Wollen Sie zehn neue Ideen sammeln für ein bestimmtes Thema? Sie sehen, das sind alles völlig unterschiedliche Ziele für Meetings. Wenn Sie Ihres gefunden haben, sollten Sie es auf jeden Fall auch verkünden, spätestens zu Beginn eines Meetings. »Das Ziel für dieses heutige Meeting ist folgendes.« Dann weiß nachher jeder, wenn er sich selber beteiligt und Redebeiträge hat, ob das, was er da gerade von sich gibt, zum Ziel beiträgt oder eher nicht. Das wiederum macht es auch dem Moderator leichter.

Von dem Ziel werden dann der Zeitplan und der technische Rahmen, also das, was Sie brauchen würden, um dem Ziel zu dienen, abgeleitet. Wenn Sie sagen, das Ziel ist ein Brainstorming für zehn neue Lösungen, dann brauchen Sie ein Whiteboard, ein Flipchart oder eine Moderationswand, dazu wahrscheinlich Kreativmaterial. Für ein anderes Meeting brauchen Sie vielleicht extra viel Zeit, weil Sie wissen, dass das heute traurig wird. Vielleicht geht es um Restrukturierung, Abschied oder ein anderes ernsthaftes Thema, bei dem Sie nicht hetzen, sondern es gut und mit Stil zu Ende bringen wollen. Vom Ziel hängt also auch der Zeitplan ab. Je informeller das Meeting ist, umso weniger strikt sollte der Zeitplan sein. Vor allen Dingen sollte er jedoch realistisch sein.

3. Strategie: Die Themenmenge bestimmen

Und da sind wir auch schon beim dritten Punkt, nämlich eine *realistische* Menge von Themen aufzunehmen. Ich finde es sinnvoll, den Themen sogar Zeitfenster zuzuordnen. Natürlich nur, wenn es ein formelles Meeting ist. Bei informellen Meetings entfällt sowohl die getaktete Agenda als auch die Zuordnung von Zeitfenstern. Für eine realistische Menge von Themen schauen Sie erst einmal, was alles zusammengekommen ist, wenn Sie Vorschläge der anderen gesammelt haben oder wenn Sie sich selbst im Brainstorming für das Meeting vorbereitet haben. Wenn man ehrlich ist, sieht man sehr häufig auf den ersten Blick, dass es viel zu viel und in der geplanten Zeit nicht zu schaffen ist. Ist das der Fall, dann sollte die Themenmenge von vornherein angepasst werden. Man kann zum Beispiel sagen: »Okay, die Themen 1 bis 7 haben wir gesammelt, aber realistisch kommen wir nur zu 1 bis 5. Die anderen zwei vertagen wir gleich und machen sofort auch einen Termin, wo diese Punkte besprochen werden, denn sie sind ja wahrscheinlich wichtig.«

Sollten sie nicht wichtig sein, können Sie sie in einen sogenannten Themenspeicher packen und irgendwann noch mal herausholen und prüfen, ob sie noch oder vielleicht auch jetzt erst aktuell sind. Manches erledigt sich tatsächlich in der Zwischenzeit einfach durch liegen lassen. Eine Zuordnung von Zeitfenstern würde jetzt bedeuten, dass Sie sich klarmachen: »Okay, Punkt 1 der Agenda: Kurze Information an alle. Damit bin ich in zehn Minuten durch. Punkt 2: Vorstellen eines neuen Arbeitstools. Da wird es Diskussionen und Fragen geben, 25 Minuten. Punkt 3: X Minuten.« So errechnen Sie sich Ihren Zeitplan mit einer realistischen Einschätzung bereits vorher. Im Grunde haben wir ja, wenn wir erfahren sind, ein ganz gutes Zeitgefühl. Wir überprüfen es nur so selten, weshalb Meetings dann oft länger dauern als geplant. Oder wir werden nur halb fertig mit den Themen.

Sie haben also jetzt die Zeitfenster zugeordnet und idealerweise schreiben Sie diese auch in die Agenda mit hinein, sodass jeder, der die Agenda erhält, schon weiß: »Aha, okay, das ist eine kurze Info und hier haben wir ein bisschen Zeit für Diskussion. Und da machen wir ein Brainstorming, dafür brauchen wir so und so lange.« Darauf kann sich dann auch jeder entsprechend einstellen. Für die Moderation macht es das dann auch leichter, den Rahmen zu gestalten und in der Moderation zu berücksichtigen.

4. Strategie: Pünktlich anfangen und enden

Der vierte Punkt betrifft das pünktliche Anfangen und Enden. Das ist zurzeit noch wichtiger geworden, da wir von einem virtuellen Meeting zum nächsten hetzen, oft auch wirklich lückenlos. Was das Thema Zeitmanagement betrifft, sollten sich aber auf jeden Fall Lücken zwischen den Meetings finden, damit Sie die Inhalte weitergeben, sich aufs nächste Meeting vorbereiten und eine Pause machen können.

Aber an dieser Stelle geht es darum, pünktlich anzufangen und zu enden, was auch für das eigene Image wichtig ist. Jemand, der das Ziel-Image für sich hat, professionell zu sein, der hält sich an den Zeitplan. Jemand, der mit der Lebenszeit anderer Menschen respektvoll umgeht, der hält sich an den Zeitplan. Und jemand, der sowieso selber *busy* ist, der hält sich auch an den Zeitplan, weil er es sich gar nicht leisten kann, schon morgens um 11 Uhr dem Tag hinterherzulaufen. Pünktlich anzufangen und zu enden, ist dann auch die Herausforderung für den Moderator im Meeting. Dazu kommen wir gleich.

> Jemand, der mit der Lebenszeit anderer Menschen respektvoll umgeht, der hält sich an den Zeitplan.

5. Strategie: Alle sind vorbereitet

Das ist eine Disziplinfrage, und zwar: Alle sind vorbereitet. Auch dieser Punkt trägt erheblich dazu bei, dass wir pünktlich anfangen und enden. Wenn es Unterlagen gibt, die man vorher für die einzelnen Agendapunkte lesen sollte, dann müssen sie vorher auch verteilt werden. Legen Sie bitte als Führungskraft Wert darauf, dass diese Unterlagen vorher auch gelesen werden. Dann dürfte es im Meeting nicht passieren, dass jemand anfängt, wild in den Unterlagen herumzublättern oder hektisch auf dem Laptop rumzuklicken. Auch aus Respekt vor den anderen heißt es: »Alle sind vorbereitet.« Darauf muss ich mich verlassen können, sonst gestalte ich die Meetings gleich so, dass ich überhaupt keine Vorbereitung voraussetze und jeder liest sich vor Ort im Meeting ein und wird erstmal in aller Ruhe abgeholt. Dann dauern sie aber länger und wir brauchen viel mehr Termine, weil wir längst nicht alles in einem Meeting unterbekommen. Das ist vollkommen unrealistisch in der heutigen Zeit – und gemütlicher wird es wahrscheinlich auch zukünftig für uns nicht mehr werden. Schaffen Sie das Bewusstsein für diese Zusammenhänge bei Ihren Mitarbeitenden.

6. Strategie: Die Rollen verteilen

Das Meeting wird moderiert und jemand fühlt sich – vielleicht sogar als extra Rolle – für die Zeit verantwortlich. Also zum einen gibt es Sie oder jemand anderen als Gastgeber. Daneben sollte es einen Moderator geben, der die Agenda kennt, der die Wortbeiträge moderiert, was insbesondere im virtuellen Bereich wichtig ist. Außerdem gibt es noch jemanden, der die Technik im Hintergrund managt, der die Unterlagen entsprechend verteilt oder das Whiteboard speichert und so weiter. Idealerweise gibt es tatsächlich auch jemanden, der den Zeitmanager macht.

Meistens sind Zeitmanager und Moderatoren unterschiedliche Typen. Der Zeitmanager muss streng sein, auf Disziplin pochen und jemanden zur Not »abwürgen«. Er wäre dann derjenige, der tatsächlich sagt: »Für Agenda Punkt 1 haben wir 10 Minuten und, Achtung, du hast noch eine Minute«, oder er muss eine Diskussion abkürzen beziehungsweise erkennen, dass sie so fruchtbar ist, dass der Zeitplan geändert werden muss. Er oder sie kann sich in dieser Rolle auch gern mit dem Moderator dazu abwechseln, um sicherzustellen, dass die Punkte, die im Nachgang festgehalten werden sollen, auch wirklich am Ende jedes Punktes festgezurrt werden.

7. Strategie: Klare Verabredungen treffen

Am Ende eines jeden Agendapunktes ist es wichtig, klare Verabredungen zu treffen. Nach jedem Punkt der Agenda, der moderiert wird, also nach Punkt 1, 2, 3 und 4, gibt es einen kurzen Stopp, wo man sagt: »Okay, lass uns noch mal eben verabreden zu diesem Punkt. Wer macht was bis wann?« Diese Vereinbarungen finden Sie idealerweise auch im Protokoll wieder. Stattdessen am Ende eines Meetings die Todos aus den einzelnen Punkten rückwärts noch einmal zusammenzufassen, ist nicht sinnvoll. Denn erstens kommen wir meistens nicht dazu, weil »Ups, die Zeit ist rum« und das Meeting ist zu Ende oder keiner weiß es mehr genau, weil seit dem Punkt schon so viel Neues lebendig diskutiert wurde. Oder man rennt auseinander, weil alle den

Kopf schon im nächsten Meeting haben, und es wird vergessen. Deswegen muss man sich vornehmen, das am Ende jedes Punktes zu machen. Dann ist es noch frisch und auch konkret. Wer macht was bis wann? Diese Frage führt uns zum nächsten Punkt.

8. Strategie: Ein schriftliches Protokoll

Wir brauchen ein schriftliches Protokoll, das im Nachgang für eine verbindliche Umsetzung wichtig ist. Da sind dann genau diese Verabredungen notiert: Wer macht was? Bis wann? Vielleicht auch mit wem? Eventuell auch Fragen wie: Wer muss noch informiert werden?

Ein Punkt, der in diesem Kontext auf jeden Fall wichtig ist, ist, dass jemand benannt wird, der die nicht anwesenden und heute fehlenden Teammitglieder informiert. Und da reicht es meistens nicht, wenn die nur das Protokoll lesen, sondern sie brauchen meistens auch eine Erklärung. »Hier haben wir heiß diskutiert, da ging es drunter und drüber, hier hättest du mal das Gesicht der Chefin sehen sollen. Meine Güte, die war *not amused*. Hier haben wir lange gebraucht, aber dann ist uns das hier eingefallen.« Wichtig ist also auch, dass die Stimmung vermittelt wird und die Atmosphäre, sodass ich wirklich ein bisschen das Gefühl habe, ich wäre dabei gewesen. Denn das Protokoll an sich, wenn wir das mal getrennt von einer Meetingteilnahme betrachten, sorgt oft eher dafür, dass man so denkt: »Okay, ist ja alles glatt, alles easy, alles schlicht.« Was jedoch dahintersteckt, wie man gerungen hat, wie lange man an manchen Punkten gearbeitet hat, das sieht man ja meistens nicht.

9. Strategie: Alle Beteiligten fokussieren

Kommen wir zum Thema Fokussieren aller Beteiligten. Auch das zahlt ein auf das Zeitmanagement und bedeutet: keine Smartphones nutzen oder E-Mails auf dem Laptop bearbeiten, keine Postmäppchen parallel ins Meeting bringen, wenn es ein Präsenzmeeting ist. Keine sonstigen

Tätigkeiten, sondern bitte fokussieren auf das, was gerade ist. Nämlich dieses eine Meeting, zu dem jemand offensichtlich eingeladen wurde, weil er offensichtlich zu dem Thema irgendetwas beizutragen hat.

Sollte jemand im Meeting feststellen, dass er fehl am Platze ist, kann er auch gern gehen und muss die Zeit nicht absitzen. Das ist ja manchmal die Begründung für innere Abwesenheit. Man fragt Teilnehmende: »Warum arbeiten Sie gerade parallel?«, und hört, dass er oder sie sich hier gar nicht wiederfindet. Vielleicht ist die Person ja wirklich aus Versehen im Überschwang eingeladen worden. Aber wenn Sie meinen, es interessiert ihn sehr oder *sollte* ihn interessieren, auch wenn es im Moment noch nicht erkennbar ist, warum, dann erklären Sie das demjenigen bitte und bitten ihn um Fokussierung.

Wenn sich alle fokussieren, gehen Meetings schneller. Auch das hat mit Respekt voreinander zu tun. Stellen Sie sich vor, ein Kollege hat sich wirklich vorbereitet, sich viel Mühe gegeben und präsentiert etwas sehr engagiert. Und seine Kollegen machen parallel alle etwas anderes und zeigen ihm damit unterschwellig, wie sie ihn gerade finden. Geht gar nicht – weder aus Respektgründen noch aus Gründen der Teamhygiene. Es wäre dann Ihr Job, dafür zu sorgen, entweder direkt in dem Meeting oder hinterher unter vier Augen, je nach Konstellation, dass derjenige zum Meeting innerlich zurückkehrt. »Würden Sie sich bitte auf unser Meeting fokussieren? Könnten Sie bitte Ihr Smartphone ausschalten? Können Sie bitte die parallele Bearbeitung auf dem zweiten Bildschirm lassen und hier den Blick in die Kamera richten?« Online ist die Versuchung oft noch größer, parallel etwas anderes heimlich zu tun und zu glauben, es merkt niemand. Ihre Rolle als Führungskraft ist es, sicherzustellen, dass alle fokussiert sind.

> Wenn sich alle fokussieren, gehen Meetings schneller. Auch das hat mit Respekt voreinander zu tun.

10. Strategie: Unpassende Themen sammeln

Als Letztes geht es um den Punkt, alles auszugliedern und zu sammeln, was nicht hierhergehört. Manchmal werden gegen Ende von Meetings so Fässer mit Grundsätzlichem aufgemacht. »Wo wir schon zusammensitzen, wir müssten auch noch mal reden über …«, und dann kommt so ein Grundsatzthema, das meistens überhaupt keinen Platz in dieser Agenda hat. Und wir ahnen, wenn wir dieses Fass öffnen, werden wir nicht fertig. Deshalb sammeln Sie diese Punkte gern, und zwar am besten sichtbar für alle. Idealerweise haben Sie ein Flipchart hinter sich und sagen dann: »Ich halte den Punkt gleich fest, Beate, danke für den Hinweis. Darüber sprechen wir noch in einem anderen Meeting. Passt heute leider nicht in unseren Zeitplan.« Es ist erstaunlich und faszinierend, wenn wir etwas aufschreiben. Wenn wir sichtbar für den anderen etwas festhalten, fühlt er sich deutlich besser abgeholt, als wenn wir nur sagen: »Ja, das merke ich mir und komme drauf zurück.« Das ist auch körpersprachlich so unverbindlich, dass derjenige meist nicht nachgibt, sondern dranbleibt an seinem Fass, das er öffnen möchte.

Zusätzlich zu diesen zehn Strategien können Sie im Sinne der Kommunikationskultur auch für effektive Meetings sorgen, indem Sie darauf achten, wer sich ständig wiederholt oder Wortbeiträge von anderen wiederholt und wo man vielleicht Redebeitragslängen einkürzen könnte. Auch das spart Zeit und reduziert ein bisschen »Generve« und Stress für alle Beteiligten. Es wäre Ihre Aufgabe, mit den einzelnen Personen, die zu Wiederholungen und extra Längen neigen, noch mal ein gesondertes Gespräch unter vier Augen zu führen, um ihnen klarzumachen, dass das weder hilfreich noch ihrem eigenen Image zuträglich ist. Es führt hingegen leider eher dazu, dass die Kollegen die Augen verdrehen, wenn jemand startet, von dem man schon weiß: »Oh, jetzt wiederholt er alles dreimal und es dauert wieder länger.« Das wäre ein Thema im Sinne von Feedbackgeben, das vielen ernsthaft weiterhelfen würde, da die wenigsten Wiederholer wissen, dass sie Wiederholer sind.

Kapitel 16

Zehn Aspekte, die Online-Meetings erfolgreich machen

Im vorigen Kapitel haben wir uns mit grundsätzlichen Meetingstrategien auseinandergesetzt, die sowohl für Präsenzmeetings als auch für Online-Meetings gelten. Wenn Sie dieses Kapitel noch nicht gelesen haben, könnte es sich lohnen, dies zu tun, denn es baut den Rahmen für die nun folgenden Inhalte. Hier fokussieren wir lediglich auf die Aspekte, die in Online-Meetings per Video eine Rolle spielen.

1. Aspekt: Alle schalten die Kamera an

Der erste Punkt ist tatsächlich noch nicht selbstverständlich, was nach über zwei Jahren flächendeckender Home-Office-Zeiten aufgrund von Corona erstaunlich ist. Er lautet: Alle schalten die Kamera an. Es gibt immer noch Mitarbeitende, die dazu offenbar im Widerstand sind und erklären, die Leitung sei so schlecht und dann wackelt es immer, oder sie sagen: »Ach, ich sehe heute so schlecht aus, das will ich euch gar nicht zumuten«, oder sie finden was auch immer für Gründe. Eine Frage, die Sie stellen könnten oder sich nur in Gedanken stellen, um Ihren Anspruch zu überprüfen: »Wenn wir jetzt ein echtes Präsenzmeeting hätten zu diesem Thema, würdest du dir doch sicherlich auch keinen Sack über den Kopf stülpen, nur weil du heute nicht gut aussiehst, oder?« Sich zu zeigen, ist fürs Team ganz wichtig. Es kann nicht sein, dass alle Sie sehen und Sie sehen niemanden. Oder Sie sehen nur manche und manche lauschen einfach nur. Das ist ein bisschen so, als würden diese im Meeting hinter einer Schattenwand sitzen oder hinter einer großen verspiegelten Wand wie im Krimi, wenn man Verhöre führt und dahinter sitzen welche, die alles hören und sehen können, aber keiner weiß, wer da eigentlich sitzt und mit welchem Gesicht. Also schalten bitte alle die Kamera an. Erklären Sie Ihren Mitarbeitenden, wenn es da Widerstand gibt, warum das so wichtig ist und was man noch tun kann, wenn die Leitung schlecht ist. Vielleicht kann man auch in manchen Meetingphasen die Kamera auslassen, zum Beispiel wenn viel präsentiert wird und das Gesicht sowieso nicht zu sehen wäre. Aber gerade zu Beginn ist es für Sie als Führungskraft oder Moderator des Meetings ganz wichtig, alle zu sehen, und auch immer wieder und regelmäßig zu sehen. Zum einen, um den Kontakt nicht zu verlieren. Manche Mitarbeitende arbeiten seit inzwischen zwei Jahren im Homeoffice und Sie kriegen gar nicht mit, was da für Bärte wachsen, für Falten entstehen oder für Verzweiflung oder Erschöpfung im Gesicht ist. Alles das, was wir sehen wollen und müssen, um auch in den Kontakt zu gehen, ist unterstützend.

Ein weiterer Grund, dass alle die Kamera anschalten, ist, dass wir Menschen soziale Wesen sind und Resonanz brauchen. Es ist für jeden Sprechenden ungleich schwerer, nur in einen schwarzen Punkt, die Kameralinse, hineinzusprechen und kein Nicken, Anschauen, Kopfwiegen, -schütteln oder Lächeln zurückzubekommen. Das würde nicht nur Sie als Führungskraft, sondern auch jedes Teammitglied verunsichern. Es geht also auch um Fairness und Respekt den anderen gegenüber. Außerdem ist Arbeitszeit im Home-Office Arbeitszeit und wird bezahlt. Sich zu ersparen, sich vernünftig anzuziehen, sich zu rasieren oder zu schminken, falls man das sonst im Job immer macht und nur so gesehen werden will, kann nicht ernsthaft der Grund sein. Das wäre ein Anlass für ein sehr ernsthaftes Feedbackgespräch.

> **Ein weiterer Grund, dass alle die Kamera anschalten, ist, dass wir Menschen soziale Wesen sind und Resonanz brauchen.**

2. Aspekt: Das Gesicht ausleuchten

Der zweite Punkt hängt direkt mit der Kamera zusammen. Es wäre eine Erklärung an Mitarbeitende wert, bitte nicht im Halbdunkel zu sitzen, sondern zwei Dinge zu berücksichtigen. Erstens brauchen wir die Helligkeit von vorn, also eine Lampe gegenüber vom Gesicht, die das Gesicht ausleuchtet. Das kann auch so eine kleine Ringleuchte sein, die es schon für kleines Geld gibt. Das Zweite ist, hinter sich im Bild brauchen Sie jedoch Dunkelheit. Nach dem, was ich in den vergangenen zwei Jahren im Video bei vielen Unternehmen gesehen habe, scheinen es viele noch nicht zu wissen. Kameras haben das Problem, wenn es hinter uns hell ist, weil wir zum Beispiel im Rücken ein Fenster oder eine sehr helle Wand haben und es vor uns dunkler ist, dann stellt sich die Kamera auf das Helle ein und zeigt das Gesicht davor nur wie ein dunkles Gespenst, also nur einen Schattenriss. Da fehlen dann die Gesichtszüge, und es ist wichtig, diese erkennen zu können. Denn nur so können wir überprüfen: Sind die Teilnehmenden bei uns? Sind sie gedanklich bei uns, emotional betroffen vom Gehörten, aufmerksam, motiviert? Das alles muss ich am Gesicht ablesen können, da ich darüber hinaus keine Körpersprache erkennen kann. Und deswegen braucht es Beleuchtung von vorn und ein Gesicht, das hell strahlt, und im Hintergrund kein Fenster oder ein heruntergezogenes Rollo davor.

3. Aspekt: Sichtbare Resonanz zeigen

Bitten Sie die Teilnehmenden schon am Anfang des Meetings um sichtbare Resonanz. Resonanz würde hier bedeuten: Beteiligung im Sinne von Hand heben, mitmachen, sich einbringen, Sachen im Chat schreiben, Fragen stellen, aber eben auch Resonanz auf Sie und Ihre Beiträge. Also nicken, in einer Ausprägung, die man sehen kann, oder auch deutliches Kopfschütteln. Und wenn Sie dann fragen: »Hat das jeder?« Dann brauchen Sie nur einmal kurz auf die »Kacheln« des Monitors zu schauen und sehen mit einem Blick alle nicken, den Daumen hoch- oder runterhalten oder den Kopf schütteln.

Während Sie reden und die anderen zuhören, ist Resonanz untereinander auch ein ganz wichtiges Thema bei Video-Meetings. Denn wir wissen aus der Psychologie, dass das Reden dann leichter fällt, wenn wir Resonanz sehen und fühlen. Es fällt leichter, Worte zu finden, bunt und in Bildern zu sprechen, lebendiger zu sprechen, wenn wir eine Resonanz bekommen. Das wissen wir auch von Sprechern aus dem TV, die tatsächlich trainieren müssen, nur in ein Kameraauge zu reden oder eben auch nur in ein Mikro zu sprechen. Und wir wissen, was es mit Rednern macht, die es gewohnt sind, auf einer großen Bühne zu stehen, wenn plötzlich im Zuschauerraum das Licht ausgeht und sie gar keine Menschen mehr sehen. Das macht die Sprache und die Lebendigkeit des Sprechenden sofort anders. Die Comedians haben auch davon erzählt in ihren ersten Shows im TV während der Pandemie ohne Studiopublikum. Sie waren am Anfang weniger lebendig. Das heißt also für Sie und Ihre Teams: Nicken, Kopfschütteln, Resonanz in jeder Form, Applaus, Emojis, alles ist willkommen.

4. Aspekt: Mikro aus, wenn man nicht spricht

Der vierte Punkt hat mit Disziplin und letztlich auch Übung zu tun. Es ist hilfreich, wenn Sie auch den Ihren Teams noch mal erklären, er lautet: Mikro bitte ausschalten, wenn man nicht selbst spricht.

Wir fangen über die Headsets jede Menge Geräusche ein und es ist eh schon sehr anstrengend, den ganzen Tag in Videos zu sein. Der Stress und die physiologische Belastung steigen aber enorm an, wenn wir dabei auch noch so viele Geräusche sortieren müssen und das wichtige Geräusch aus dem akustischen »Brei« heraushören müssen. Deswegen bitte Mikro aus und die Handhebe-Funktion dazu erklären. Es funktioniert leider technisch nicht gut, dass alle durcheinanderreden. Im echten Meeting kriegt man es noch ganz gut hin, es rauszuhören und außerdem hört und sieht man ja, wenn der Nachbar gerade auch redet und hört dann eher auf. In Video-Meetings sieht man das weniger – man ist ja mit sich, seiner Kamera und seinem Headset allein und dann spricht man einfach mal drauflos. Diese Disziplin im

Sinne der Handhebe-Funktion, bevor ich spreche, ist sinnvoll, selbst wenn sie zulasten der Spontaneität geht.

Wichtig ist dazu auch – und es lohnt sich für alle, das zu üben –, dass alle in der Lage sind, diesen Dreiklang von Bewegung und Koordination hinzukriegen. Das klingt leichter, als es ist, und muss koordiniert werden, insbesondere von Menschen, die nicht den ganzen Tag online unterwegs sind: Schritt eins: Ich habe den Beschluss gefasst, ich würde mich gerne melden, und drücke die Handhebe-Funktion. Schritt zwei: Ich öffne mein Mikro und dann spreche ich, und Schritt drei: Hinterher schließe ich das Mikro wieder und schalte die Handhebe-Funktion aus. Geben Sie Ihren ungeübten Mitarbeitenden bitte Möglichkeiten zu trainieren. Suchen Sie sich jemanden, der viel Talent hat, mit dieser Technik umzugehen, und nehmen den als Paten und laden einfach zu einer Session ein, oder Sie bitten ihn, drei, vier Leute, die damit Probleme haben, in ein Meeting zu schalten und dann miteinander immer nur zu üben: Hand heben, Mikro anschalten, sprechen, Mikro ausschalten, Hand runter. Und wenn man das 100-mal gemacht hat, dann geht es ja auch. Wenn es nicht jeder kann, könnte es dazu führen, dass sich ganz viele nicht melden, obwohl sie wirklich inhaltlich etwas zu sagen hätten. Das wäre doch schade und verzerrt das Teamerscheinungsbild als Ganzes.

> **Geben Sie Ihren ungeübten Mitarbeitenden bitte Möglichkeiten zu trainieren.**

5. Aspekt: Eine Frage zu Beginn

Es lohnt sich zu Beginn des Meetings, eine Frage an alle zu stellen, damit alle einmal gesprochen haben und Sie auch alle einmal mit der Kamera gesehen haben. Das können Sie entweder machen im Sinne von: »Wie geht es euch heute? Nehmen wir dazu vielleicht eine Skalierung auf, von eins bis zehn, die Eins entspricht: ›Hör bloß auf. Heute geht es gar nicht.‹ Die Zehn wäre: ›Hey, ich fühl mich wie frisch verliebt und schwebe hier über dem Boden.‹ Einfach eine Zahl und ein Satz dazu.« Oder einfach nur: »Wie war das Wochenende?« Und jeder spricht einmal kurz. Oder: »Worauf freust du dich in Bezug auf dieses Meeting? Was ist dein Mantra für heute?« Was immer Sie da fragen wollen, es ist ziemlich egal, was es ist, wichtig ist, dass jeder einmal zu hören ist. Das nimmt den einen die Hemmung und gibt Ihnen die Chance, auch ein bisschen zu hören, wie die Stimmung ist. Wenn jemand völlig leise vor sich hin haucht, ganz leidend, dann wissen Sie auch, dass Sie da vielleicht ein Thema haben, wo Sie noch mal genauer hinschauen könnten. Platzt jemandem schon beim Eröffnungssatz der Kragen, dann wissen Sie, es kann heiter werden. Gleichzeitig verwandeln Sie Ihre Teammitglieder von nur passiv Zuhörenden in aktiv Teilnehmende, das kann der Grundstock für ein lebendiges Meeting sein. Die Zeit ist gut investiert.

6. Aspekt: Alle Teilnehmenden beteiligen

Als Nächstes gilt es, darauf zu achten, dass sich alle beteiligen. Und das ist gar nicht so einfach. Wenn wir uns vorstellen, wir haben ein Meeting mit 15 oder 20 Teilnehmenden, dann sehen wir ja meistens nicht alle Bilder auf dem Bildschirm. Selbst bei Galerieansichten ist ja irgendwann das Ende erreicht und es ist sehr schwer, sich im Video zu merken, wer schon gesprochen hat und wer nicht. Dafür gibt es einen kleinen Trick. Drucken Sie sich die Teilnehmerliste aus, selbst wenn es Ihre Teammitglieder sind und Sie natürlich alle kennen. Drucken Sie die Liste als Word-Dokument ziemlich groß geschrieben, sodass Sie es gut sehen können. Und da können Sie dann tatsächlich immer kleine Haken oder Striche dran machen, wer sich zu bestimmten Fragen gemeldet hat. Nehmen wir mal an, Sie wollten zu jedem Agendapunkt jeden einmal hören oder auf die Eingangsfrage »Wie geht es euch allen?«. Damit Sie wissen, dass alle dranwaren, ist es wichtig, dass Sie sich das abhaken. Dann müssen Sie sich auch nicht länger darauf konzentrieren, wer als Nächster dran ist und wer schon dran war.

Im Vergleich zu Präsenzmeetings müssen wir eines bedenken: Im echten Meeting sitzen wir vielleicht im U-Form oder im offenen Stuhlkreis. Und dann haben wir jemanden im gelben Pulli, jemanden, der immer rumzappelt, jemanden, der geradeaus sieht, und jemanden, der vorn rechts sitzt. Wir verankern sozusagen im Gehirn noch mal die Position im Raum und können viel leichter checken, habe ich vom linken Flügel schon was gehört oder noch nicht? Online kommt erschwerend hinzu, dass sich auf dem Monitor mit dem Sprechen die »Sitzreihenfolge« ändert, als würden im echten Raum dauernd die Plätze vertauscht werden. Die Kacheln bleiben leider nicht in der gleichen Reihenfolge, sondern ändern sich mit den Redebeiträgen. Das ist richtig fies, deshalb brauchen wir ein Hilfsmittel, um den Überblick zu behalten.

Was Sie ebenfalls tun können, wenn Sie möchten, dass reihum etwas beantwortet wird, ist, dass die Teilnehmenden selbst den folgenden nach ihnen Sprechenden benennen. Denn damit ist auch jeder Teilnehmer schon mal aufmerksamer, weil er sich merken muss, wer alles schon gesprochen hat. »Warte, ich gebe das mal an Bärbel« und Bärbel überlegt: »Anne war schon« und übergibt das Wort an Stefan. Und so geht es dann reihum und Sie können trotzdem heimlich Ihre kleine Liste führen, wenn es Ihnen guttut. So haben Sie dann auch die Chance, noch mal Einzelne aufzurufen und zu sagen: »Beate, ich habe von dir noch gar nichts gehört. Mich würde deine Meinung interessieren.« Beate wird merken: »Oh, ich zähle, und es fällt auf, dass ich noch nichts gesagt habe, wie schön.« Oder: »Mensch, Lars, du hast, glaube ich, auch noch nichts gesagt, bist du so nett? Was ist deine Meinung?« Das fällt Ihnen deutlich leichter, wenn Sie irgendeine Form von Hilfsmittel haben. Sie sehen dabei sehr souverän aus, wenn Sie die Liste diskret handhaben.

7. Aspekt: Co-Moderator für komplexe Meetings

Ich empfehle, wann immer es geht und wenn es das Meeting in Größe und Anlass hergibt, einen sogenannten Co-Moderator zu benennen und technisch zu bevollmächtigen, wenn es technisch anspruchsvoll wird. Wenn Sie sich zum Beispiel auf die Moderation konzentrieren müssen, einen großen Redeanteil haben oder ganz bewusst hinhören und hinschauen wollen, wer welche Beiträge hat, und sich auf den Inhalt, die Form und den Ablauf fokussieren wollen, dann brauchen Sie jemanden, der zum Beispiel den Chat im Auge hat und sieht, wo eine Hand gehoben wird, der die Dokumente teilt und zusammenfasst, der Unterlagen im Chat versendet und so weiter. Das alles als eine Person zu übernehmen, braucht wirklich Übung. Und es ist sehr, sehr anstrengend, das kann ich aus eigener Erfahrung sagen. Deutlich entspannter ist es, wenn man sich das Ganze teilt.

Wenn Sie im Führungskontext denken, könnte das eine schöne Aufgabe für jemanden sein, der eine Rolle braucht, um besser ins Team reinzukommen oder der Spaß daran hat und einfach gerne im Hintergrund assistiert oder der sich entwickeln will. Das wäre auf jeden Fall für Sie eine tolle Entlastung.

8. Aspekt: Reihum moderieren lassen

Die Moderation eines Meetings reihum zu vergeben, ist auch eine sehr schöne Variante. Also moderieren nicht immer nur Sie, sondern abwechselnd jedes Teammitglied zum Beispiel Ihren wöchentlichen Jour fixe. Das ist insofern interessant, als es Erkenntnisgewinne für Mitarbeitende im Team gibt. Eine Führungskraft erzählte mir neulich: »Das ist echt cool, weil dadurch, dass die das alle mal machen mussten, wussten sie hinterher, wie schwer es ist, online einen Sack Flöhe zu hüten.« Er erzählte, dass die Teilnehmer hinterher zu ihm kamen und stöhnten, wie anstrengend das sei und dass sie jetzt wüssten, was er meine, wenn er sie zur Ordnung rufe. Diese eigene Lernerfahrung, wie das ist, ein Online-Meeting zu moderieren, sorgt dafür, dass Sie einerseits mehr Verständnis bekommen, und andererseits gewinnen Sie ein paar »partners in crime«.

> Diese eigene Lernerfahrung, wie das ist, ein Online-Meeting zu moderieren, sorgt dafür, dass Sie einerseits mehr Verständnis bekommen, und andererseits gewinnen Sie ein paar »partners in crime«.

Eine schöne Rolle ist die Moderation auch für die Lernenden, für die Talentierten oder eben auch für alle, die Spaß an der Moderation haben und die gerne wachsen wollen, zum Beispiel in eine Führungsrolle hinein. Da ist eine Moderation auch ein sehr gutes Übungsfeld.

9. Aspekt: Pausen zwischen den Meetings

Diesen Punkt kennen Sie aus dem Grundsätzlichen für Meetings (in Kapitel 15), hier ist er besonders brisant: pünktlich anfangen und enden. Das ist für Video-Meetings noch wichtiger, weil die Anschlussmeetings lückenlos und ohne »Wegezeit« geplant sind. Und da gibt es einen Trick für sich selbst, falls Sie ihn noch nicht kennen oder diejenigen, die Ihre Meetings planen, ihn noch nicht kennen sollten. Beim Planen in Teams oder auch bei Zoom können Sie das automatische Beenden eines Meetings für zehn oder fünf Minuten vorher einrichten, sodass Zeit gewonnen wird und das Meeting automatisch vorher endet und Sie eine kleine Lücke haben, um noch mal etwas abzuarbeiten, was gerade besprochen wurde, um jemand anderen zu informieren, um ein paar E-Mails daraus wegzusenden oder ein Protokoll zu erstellen.

Was Sie auch für sich vielleicht neu erfinden können oder häufiger machen sollten, wenn Sie es schon tun, ist Meetings mit 45 Minuten Dauer einzurichten, und eben nicht mehr automatisch halb- oder ganzstündige Termine, und die Viertelstunde dazwischen wirklich bewusst zu blocken, um für sich selber da zu sein. Entweder um etwas abzuarbeiten oder eine gedankliche Wegezeit zum Verdauen des Gehörten zu haben oder einfach um mal Luft zu holen, etwas zu essen, Bio-Pause zu machen und sonstiges. Wir versklaven uns sonst nur immer weiter und sind immer enger getaktet.

10. Aspekt: Ruhe im Hintergrund

Der letzte Punkt betrifft noch einmal die Akustik, nämlich Hintergrundgeräusche. Es geht darum, alle Teilnehmenden zu bitten, für die Dauer Ihrer Meetings Hintergrundgeräusche im privaten Umfeld, wenn jemand im Home-Office arbeitet, zu minimieren.

Das kann auch ein Thema für ein Einzelfeedback im Nachgang oder zur Vorbereitung von Meetings sein, weil Sie die Personen kennen, die es mit den akustischen Zumutungen für andere übertreiben. Es gibt ja alles, von kläffenden Hunden über tobende Kinder bis zu klingelnden Paketboten, arbeitenden Ehepartnern im gleichen Raum, die akustisch herausfordernd sind, und alles, was man sich sonst so vorstellen kann – das echte Leben halt. Ihr Anspruch sollte sein, dass Mitarbeitende für den wöchentlichen Jour fixe, wichtige Kundengespräche und andere Meetings ihr privates Umfeld so organisieren, dass professionelle Ruhe herrscht. Diese Geräusche sind nervtötend übers Headset und stören alle zehn anwesenden Kollegen, auch wenn die wenigsten sich trauen, das offen zu sagen. Es ist Ihr Job als Führungskraft, dafür zu sorgen, dass es funktioniert.

> **Ihr Anspruch sollte sein, dass Mitarbeitende für den wöchentlichen Jour fixe, wichtige Kundengespräche und andere Meetings ihr privates Umfeld so organisieren, dass professionelle Ruhe herrscht.**

Ebenso irritierend und gerne abzustellen, ist folgende Unterbrechung: »Ich gehe mal kurz an die Tür, es hat geklingelt, das ist sicher der Paketbote.« Und nachmittags klingeln dann alle Nachbarn und holen sich die Päckchen ab. Nicht wirklich, oder? Es ist Arbeitszeit und häufige, kurze Unterbrechungen von zehn Kollegen, die darauf warten, dass eine Person zurückkommt, oder die eine Person, auf die nicht gewartet wird, die dann aber jedes Mal wieder etwas verpasst und Zeit braucht, bis sie wieder reinkommt – das kostet die Energie aller und wir haben im Moment eher nicht zu viel Energie. Vielleicht braucht das Meeting ein anderes Zeitfenster, damit mehr Ruhe herrscht. Oder

der betreuende Elternteil kommt dann für den Tag des Meetings ins Büro und loggt sich dort ins Video ein. Darüber müsste man dann im Einzelfall sprechen. Aber es durchgehen zu lassen, ist schwierig, weil es gesehen wird und andere sich sagen: »Ach so, das ist das neue Normal. Na dann …« Dann weitet sich das entsprechend aus und Sie kriegen es relativ schwer wieder eingefangen.

Kapitel 17

Wertschätzung und Anerkennung sind Ihre stärkste Währung

Wertschätzung und Anerkennung sind als Führungsinstrument ausgesprochen wertvoll und obwohl sie außer Zeit nichts kosten, werden sie viel zu selten genutzt. Im 2. Kapitel haben wir schon gesehen, dass ein wertschätzendes Klima, eine wertschätzende Führungskraft zur Gesundung beziehungsweise auch zur Reduzierung von Fehlzeiten beitragen kann. Das heißt im Umkehrschluss: Je weniger Wertschätzung, umso höher ist die Gefahr, dass jemand nicht nur weniger produktiv ist, sondern sich auch weniger emotional ans Unternehmen gebunden fühlt und damit auch schneller bereit ist zu sagen: »Och nö, merkt eh keiner, wenn ich nicht da bin«, und dann die Fehlzeiten steigen. Diesen Zusammenhang gibt es eindeutig.

Grundsätzlich lässt sich sagen, das Bedürfnis nach Wertschätzung und Anerkennung steigt enorm. Je jünger die Mitarbeitenden sind, umso größer ist das Bedürfnis nach positivem Feedback. Dafür gibt es verschiedene Einflussfaktoren. Die sozialen Medien und die Erziehung zu Hause und in der Schule haben dazu beigetragen, dass sich Kinder und Jugendliche heute von Like zu Like hangeln und dabei Likes sammeln wie die älteren Generationen Oblaten fürs Album. So kommen sie dann in die Arbeitswelt und haben die gleichen Erwartungen an den Job – nämlich Wertschätzung zu bekommen und Likes zu sammeln. Nun sind Sie als Führungskraft sowie die Mitglieder des Teams dafür verantwortlich, diese Likes zu liefern. Und ohne Likes drohen Langeweile und Absprunggefahr. Natürlich gibt es auch hier wieder unterschiedliche Typen und Ausprägungen, charakterlich, altersmäßig und je nach Vorprägung. Es gibt Menschen, die mögen überhaupt keine Anerkennung und fragen sofort misstrauisch, ob Sie von ihnen noch Geld bekommen, wenn Sie sie überschwänglich loben. Und es gibt welche, die aalen sich darin wie in Puderzucker, genießen es und brauchen davon ganz viel. Natürlich gibt es individuelle Unterschiede, auch in der Form, wie die Anerkennung verpackt werden muss, damit sie zum Empfänger passt. Aber grundsätzlich können wir sagen: Es gibt zwei große Trends, die in Studien herausgearbeitet wurden und über die wir jetzt in diesem Zusammenhang von Wertschätzung und Anerkennung sprechen wollen.

Wie viel Anerkennung bedarf es?

Der erste Trend, der wissenschaftlich und statistisch untermauert wird, ist die Häufigkeit von Anerkennung, wie sie als Mindestmaß gebraucht wird. Es liegt bei einmal pro Woche Anerkennung und Lob für gute Leistung. Anerkennung und Wertschätzung sind ein großer Trigger für emotionale Bindung. Und damit sind sie an Produktivität, Loyalität und weniger Fehlzeiten gekoppelt, was statistisch nachgewiesen werden konnte. Zu verdanken haben wir diese Erkenntnisse unter anderem dem Gallup Institut. Gallup ist ein US-amerikanisches Institut, das seit Jahrzehnten dazu forscht, was Mitarbeitende zufrieden sein lässt und ihre Produktivität steigert. Über die Jahrzehnte haben sich dort millionenfache Datensätze angesammelt, über verschiedene Branchen, verschiedene Länder und verschiedene Unternehmensgrößen hinweg. Tatsächlich ist eines der Resultate ganz eindeutig: »Mindestens einmal pro Woche Anerkennung und Lob für gute Leistung« zu geben, ist einer der zwölf Erfolgsfaktoren für Führung. Gallup konnte durch seine Daten belegen, dass Produktivität und Loyalität steigen und die Fehlzeiten sinken, wenn Führung sehr wertschätzend gestaltet wird, der Mensch gesehen wird und die Erwartungen klargemacht werden.

Je jünger, umso mehr Anerkennungsbedarf besteht

Der zweite Trend ist durch zahlreiche Generationsforscher belegt. Damit meine ich all die Wissenschaftler, die darüber forschen: Wie sind die Generationen Y und Z in Bezug auf die Arbeitswelt aufgestellt? Welche Erwartungen haben sie an den Job?

Bei der Generation Y spricht man von den Mitarbeitenden, die nach 1980 geboren sind, und Generation Z sind die 1990er Jahrgänge. Diese Generationen hat man ausführlich untersucht. Hier kam man im Vergleich verschiedener Altersklassen zu interessanten Erkenntnissen. Die Jüngeren brauchen in der Arbeitswelt »so oft wie möglich« Anerkennung, Lob und positives Feedback. Da wäre dann einmal die Woche schon zu knapp bemessen, denken Sie an die Likes, die ich bereits erwähnt habe. So oft wie möglich ist der neue Anspruch, das Feedback darf gerne emotional sein oder mit Emojis versehen werden. Es muss dann nicht immer das persönliche Gespräch sein, sondern es kann auch mal zwischendurch gegeben werden.

Interessant ist bei diesen Generationsforschungen, dass man Vergleichsgrößen zu anderen Generationen gemessen hat. Dabei kam Folgendes heraus: Die Generation der Babyboomer, also die 1960er Jahrgänge, hat gesagt: »Einmal im Jahr eine Standortanalyse, wo mein Chef mich sieht, reicht mir völlig.« Die Generation X, also die 1970er Jahrgänge sagen: »Einmal im Quartal würde für mich passen.« Die nach 1980 Geborenen, also die Generation Y, sagen tatsächlich: »So oft wie möglich.« Und das steigert sich noch mit abnehmendem Alter. Das heißt also, dass es Ihr Job ist, mit Wertschätzung nur so »um sich zu schmeißen«.

Hier sei als Trostfaktor für alle diejenigen, denen das grundsätzlich schwerfällt, noch mal gesagt: Es gilt ja der Satz vom Gallup Institut, für *gute* Leistung und *gute* Arbeit Anerkennung zu bekommen. Und da geht bei uns in den meisten Unternehmen, basierend auf unserer in Deutschland eher kritischen Grundhaltung, noch einiges. Besonders wenn wir das mit den USA, Kanada und Australien vergleichen – das sind die Länder, die auch in Sachen emotionaler Bindung von Arbeitnehmern über den Ländervergleich gemessen sehr weit oben stehen. Wir liegen in Deutschland eher im Mittelfeld.

Unser Job als Führungskraft ist also, besser darin zu werden, hinzugucken, was gut läuft. Das können Kleinigkeiten sein oder vermeintliche Selbstverständlichkeiten. Wobei man sagen muss, dass das meiste ja nicht selbstverständlich ist. Wir haben zehn Mitarbeitende, die vielleicht das Gleiche tun, aber die einen erledigen es gerade so ausreichend gut und die anderen hängen sich richtig hinein. Die einen geben sich Mühe, die anderen machen noch Nebenjobs oder kümmern sich um soziale Themen, die nächsten kümmern sich um Azubis, wieder andere um Ordnung, Sauberkeit und Teamspirit, wieder andere stechen durch kleine Verbesserungsvorschläge hervor. Es gibt immer irgendwas zu sehen. Wenn wir uns darin trainieren, das Positive auch sehen zu wollen, dann findet sich einiges.

> Wenn wir uns darin trainieren, das Positive auch sehen zu wollen, dann findet sich einiges.

Was ich noch ergänzen möchte, ist etwas Allgemeineres, was man tatsächlich auch heute eher schwinden sieht. Das ist traurig, weil es alle bedauern und gleichzeitig alle dafür sorgen können, dass es nicht schwindet, nämlich Resonanz. Grundsätzlich lebt Wertschätzung auch von Resonanz, und Resonanz umfasst hier alles, was wir tun können, wenn wir im Kontakt mit anderen sind. Also auf E-Mails zu reagieren und sich für Dinge zu bedanken, die uns gegeben, geschickt, gesendet, erzählt, übermittelt wurden. Leistung sehen und anerkennen. Jemanden anlächeln, der uns begegnet. Einem anderen die Tür aufhalten, sich bedanken, wenn jemand einen vorlässt und einem noch hilft, die Kartons durch die Tür zu stemmen. Erkennen, wenn jemand als Ihr Gegenüber neue Schuhe oder einen neuen Haarschnitt hat. Resonanz heißt: Jemand sendet durch irgendein Verhalten oder durch sein Dasein Moleküle aus, und wir reagieren darauf und senden Moleküle zurück. Ob das ein freundliches Zunicken ist, ein Lächeln, ein Witz, ein Kompliment oder ein Dank – die Hauptsache ist, dass es Resonanz gibt. Das ist etwas, wonach die meisten Menschen heute wirklich starke Sehnsucht haben.

Das wird noch verstärkt durch die ganze Home-Office-Situation, die wir jetzt seit dem Start der Corona-Pandemie alle erlebt haben. Je weiter ich weg bin von körperlich sichtbarer Resonanz, umso abhängiger bin ich davon, dass sie mir auf anderen Kanälen übermittelt wird. »Du fehlst mir auch, ich sehe dich.« Das ist die Botschaft, die Menschen berührt und wonach alle einen großen Hunger haben. Insbesondere wenn man sich im Moment wenig treffen kann, muss jede Chance genutzt werden. Letztlich brauchen Sie sich nur selbst zu beobachten. Wenn Sie nicht der *lonesome rider* schlechthin sind, der am liebsten in der Höhle wohnt und dann allein in den Sonnenuntergang reitet, dann geht es Ihnen ganz genauso. Und dann wissen Sie auch, wie frustrierend es ist, wenn wir etwas in die Welt schicken – Angebote, Präsentationen, Ideen, Hausaufgaben, die wir gemacht haben, Erledigungen, Vorausschauendes – und gar nichts zurückkommt. Sie erkennen es auch an der starken Sehnsucht nach Feedback: Wo ist mein Rahmen, in dem ich okay bin und wo nicht? Ist meine Chefin grundsätzlich zufrieden mit mir? Es ist unsere Rolle als Führungskraft, genau das zu liefern.

Wenn Sie viel Resonanz geben, dann bekommen Sie auch entsprechend viel zurück. Und so nähren wir uns im Grunde alle gegenseitig in der sozialen Gemeinschaft und schaffen damit eine Basis von sozialem Zusammenhalt.

DIE EIGENE PERFORMANCE UND DEN PERSÖNLICHEN ERFOLG STEIGERN

Teil 4

Kapitel 18

Mein Chef nervt mich – fünf Strategien, um sich weniger aufzuregen

In diesem Kapitel geht es um Sie als Führungskraft und Ihren Chef. Denn egal, wie weit oben wir in der Hierarchie sind, wir haben immer noch jemanden über uns und als Vorstand immer noch den Aufsichtsrat, der manchmal nicht minder nervtötend ist, als es jeder anstrengende Chef sein kann.

Sie regen sich also über Ihren Chef auf und fragen sich, wie der eigentlich dahin kommen konnte, wo er ist. Oder Sie fragen sich, wieso er immer noch da ist, nach all dem, was Sie mit ihm erlebt haben. Ich kenne das Problem sehr gut, sich darüber aufzuregen, sich hochzufahren und immer wieder Fragezeichen zu machen. Die Geschichten, die mir erzählt werden, die Themen, die Klienten mitbringen, sind sehr vielfältig. Dazu kommen wir gleich näher.

Wenn wir gedanklich ein bisschen Abstand zwischen uns und unseren Chef setzen, dann kann man ausnahmsweise einmal kurz sachlich daraufschauen und sich fragen, was er oder sie eigentlich gut kann und warum er oder sie wohl da ist, wo er oder sie ist. Mit Sicherheit werden Ihnen ein paar Themen, Stärken, Eigenschaften einfallen, wenn Sie mal einen Positionswechsel einnehmen und sich auf einen anderen Stuhl setzen, während

» Wenn wir gedanklich ein bisschen Abstand zwischen uns und unseren Chef setzen, dann kann man ausnahmsweise einmal kurz sachlich daraufschauen und sich fragen, was er oder sie eigentlich gut kann und warum er oder sie wohl da ist, wo er oder sie ist.

Sie über diese Frage nachdenken. Ganz wertfrei. Leider sehen wir im Alltag aber nicht immer diese neutrale Stärken-Seite und sind selten sachlich bei der Bewertung unseres Chefs, unserer Chefin. Und manchmal muss man ihn oder sie einfach aushalten und hoffen, dass die Führungskraft das Unternehmen vor uns verlässt.

Es gibt ein paar Strategien, die ich Ihnen nun skizzieren möchte, wie Sie besser damit umgehen können. Zum Aufregen über den Chef zählt für mich auch die Strategie, die häufig zu beobachten ist: Sie fragen sich mit so einer Art Weltverbesserungsgen, wer es ihm denn sonst sagen soll, dass er sich doch mal ändern müsste, wenn nicht Sie. Das ist übrigens witzigerweise geschlechtsspezifisch häufiger aufseiten der Managerinnen zu beobachten. Sie meinen, ihre Chefs erziehen oder ihnen Feedback geben zu müssen. Nur leider will es meistens keiner hören, es sei denn, er lädt explizit dazu ein und lebt wirklich offenes Feedback mit Ihnen. Zur Frage, ob es unsere Verantwortung ist, unsere Chefs zu »erziehen«, kommt später mehr.

Gehen wir es der Reihe nach erst mal durch. Grundsätzlich lässt sich sagen, dass die Erwartungen an Führungskräfte sehr hoch sind. Wir haben sogenannte Archetypen, also uralt eingeschliffene Muster, in unserer sozialen DNA verankert, die Wunschbildern entsprechen, wie Führung auszusehen hat. Da verbinden viele von uns drei Bilder: Vater, Held und Visionär. Interessanterweise kommt die Mutter hier erst mal nicht vor. Vater, Held und Visionär – unter dem machen wir es eigentlich nicht. Unsere Erwartung, wenn wir selbst schon richtig gut sind und einen guten Job machen, ist tendenziell, dass derjenige, der uns etwas zu sagen hat, noch besser ist als wir. Aber wenn Sie sich für großartig halten, ist das ja eigentlich schon kaum noch zu toppen.

Was ist also in diesem Kontext ein anstrengender Chef? Für jeden etwas anderes sicherlich. Bevor wir uns ein paar Beispiele herausgreifen, schauen wir noch mal drauf: Was ist für Sie der Auslöser, sich jeweils aufzuregen? Könnte es sein, dass Sie neidisch sind auf Eigenschaften, die Ihr Chef hat? Nehmen wir mal an, Sie selbst sind eher zurückhaltend, sachorientiert, bescheiden und schreiben Selbstmarketing höchstens in 8-Punkt-Schrift, also ganz klein. Und Ihr Chef ist jemand, der jeden Stehtisch-Empfang mit seinem Charisma begeistert, sich auf die Brust trommelt und sagt, er sei ganz weit vorn, und das auch jeden mehrfach wissen lässt, selbst ungefragt. Dann könnte Neid ein kleiner Hinweisgeber sein, dass Sie Eigenschaften von ihm auch gerne hätten, wenn auch vielleicht nicht in dieser Dosierung. Oder haben Sie einen Chef, der zum Beispiel endlose Geduld hat und endlos Zeit und der sich endlos gelassen in Gespräche einbringt, für Details interessiert und noch eine Schleife dreht und noch eine, während Sie denken: »Mein Gott, mir läuft der Alltag davon. Ich habe nicht ewig Zeit, mich immer wieder mit ihm auszutauschen.«

Für den nächsten ist ein unangenehmer Chef jemand, der cholerisch ist und mit Dingen schmeißt, mindestens mit Worten, manchmal aber auch mit Aktenordner oder Locher. Auch das gibt es im Jahre 2022 immer noch. Wenn ein cholerischer Chef jemand ist, der Sie aufregt, was ist es dann, das Sie da hochbringt? Ist es nur der moralische Anspruch, dass man so etwas als Chef eigentlich nicht tut, womit Sie völlig recht haben? Oder ist es vielleicht auch die Auslösung einer Erinnerung, eines kleinen Gedankenfetzens an früher – zum Beispiel ein Lehrer oder im Leistungssport ein Trainer? Oder die eigenen Eltern, die vielleicht so ähnlich reagierten? Und jedes Mal, wenn Ihr Chef aufbrausend wird, zuckt ein inneres Wesen in Ihnen zusammen und denkt: »Ah, das ist ja wie früher, Hilfe!«

Also was genau ist es, was Sie hochbringt? Dass es für jeden etwas anderes ist, sehen Sie im Kollegenkreis. Wir regen uns selten alle gemeinsam über die gleichen Dinge auf. Was den einen auf die Palme bringt, lässt den anderen gelassen und umgekehrt. Schreckliche Chefs, alles, was man sich so leisten könnte als Chef – dem Phänomen habe ich in meinem letzten Buch *Alles super. Und selbst?* ein ganzes Kapitel gewidmet, so viele Beispiele fallen einem ein und werden einem erzählt.

Interessant wäre in diesem Zusammenhang noch mal die Frage, wie Ihre Teammitglieder, Ihre Mitarbeitenden eigentlich Sie bewerten würden. Denn auch das ist ein lustiges Phänomen. Die meisten Vorgesetzten halten sich in Umfragen immer für ganz großartige Chefs. Und wenn man dann in der gleichen Befragung die Mitarbeiterergebnisse dagegen spiegelt und schaut, ob Selbst- und Fremdbild übereinstimmen, dann ist das leider selten der Fall. Das heißt, grundsätzlich gehen die meisten Führungskräfte durch die Welt und denken: »Hey, ich bin super!« Und bei den Mitarbeitenden sind es nur selten viele, die das Gleiche unterschreiben würden.

Wenn wir also nervtötende Chefs haben, dann kommen hier fünf hilfreiche Strategien, wie man damit umgehen kann und seine Gesundheit, seine Nerven und damit seine Kraft fürs Leben schont.

Erste Strategie: Führungskraft als wichtigste Kundin sehen

Diese Strategie hätte ich als angestellte Managerin auch gerne schon gewusst. Sie lautet, den Chef als Kunden zu sehen, als den wichtigsten Kunden, den Sie haben. Heute in der Selbstständigkeit fällt es mir überhaupt nicht schwer, mit anstrengenden Klienten zusammenzuarbeiten oder für den Kunden etwas das dritte Mal noch in einer anderen Variante auszuarbeiten. Bei meinem Chef früher war das anders. Wenn wir uns vergegenwärtigen, dass der Chef unser Topkunde ist, nämlich der, der für unseren Job, für unsere Existenz sorgt, für unser Einkommen, für unseren Verbleib, für unseren Bonus, für die Frage, ob wir Urlaub oder Sabbatical nehmen dürfen oder nicht, ob wir dieses schicke Projekt bekommen oder nicht, dann haben wir eine andere Haltung und können viel gelassener mit seinen Wünschen umgehen. Zum Beispiel freitagabends noch mal die PowerPoint-Folie andersherum zu drehen oder in der Excel-Statistik noch drei Spalten einzufügen oder gerne auch noch mal zuzuhören, zum Ausklang, wie er die Woche so erlebt hat.

> All das unter dem Gesichtspunkt zu betrachten, »Hier sitzt mein Triple-A-Kunde«, lässt Sie sofort eine andere Haltung einnehmen.

All das unter dem Gesichtspunkt zu betrachten, »Hier sitzt mein Triple-A-Kunde«, lässt Sie sofort eine andere Haltung einnehmen. Dann gehen Sie anders in diese Situation und reiben sich nicht daran auf, sondern nehmen das eher als

Teil des Deals. Das Ganze passiert ja schließlich bei vollem Lohnausgleich. Da müssen Sie relativ sportlich durch. Und schon antworten Sie auf alle Anliegen und Bitten mit dem Zauberwort: »Gerne!«, und schenken ihm oder ihr Ihr größtes Lächeln.

Zweite Strategie: Terrarium

Diese Strategie ist etwas für den oben beschriebenen Choleriker oder etwas anderes Unangenehmes, sagen wir mal Ekliges, Nervtötendes oder Abschreckendes, was Sie beobachten. Die Strategie nennt sich Terrarium. Nehmen wir mal den Choleriker, weil er so schön anschaulich ist. Sie stellen sich also vor, zwischen Ihnen und diesem cholerischen, tobenden Chef befände sich eine 20 Zentimeter dicke Panzerglasscheibe, so wie in einem Aquarium zwischen Ihnen und dem Weißen Hai. Sie stehen also auf der anderen Seite der Scheibe und haben jetzt die Chance, mit Abstand – und das ist der Trick daran für Ihr Gehirn und Ihre Emotionen – auf dieses Wesen zu schauen, wie es sich dort aufregt, die Halsschlagader anschwillt, die Schweißtropfen über die Stirn laufen und die Gesichtsfarbe plötzlich auf Rot wechselt. Sie beobachten das, wie wenn Sie ein Tier beobachten würden, und sagen so mit schrägem Kopf: »Ach, guck mal, da klopft die Ader und es bewegt sich ein kleiner Tropfen Richtung Kragenrand.« In dem Moment, wo Sie das können, haben Sie innere Distanz. Diese Distanz schützt uns davor, uns aufzuregen, weil sie nämlich davor schützt, sich bedroht zu fühlen. Unser Puls bleibt unten, unsere Muskelspannung gering und wir müssen nicht fliehen und uns schützen, sondern können es durch das Glas hindurch gut ertragen.

Dritte Strategie: Reframing

Diese Vorgehensweise oder Technik ist ein Klassiker aus dem Coaching und eignet sich nicht nur für Chefs, sondern für alle Situationen, die uns schwierig vorkommen. Man nennt es »Reframing«. Im Wortsinne geht es dabei um das Um-Rahmen eines Bildes, um dasselbe Bild in einen anderen Rahmen zu fügen. Man wundert sich dann darüber, dass das Bild ganz anders aussieht. Das kennen Sie vielleicht selbst von zu Hause, wechseln Sie mal von einem Goldrahmen auf Plexiglas – man erkennt das Bild kaum wieder.

Reframing würde jetzt in unserem Fall bedeuten, Sie fertigen sich eine Liste von Eigenschaften an, die an Ihrem Chef schrecklich sind. Für Sie schrecklich. Zum Beispiel sagen Sie, dass er immer alle Details wissen will. Das ist die negative Seite aus Ihrer Sicht. Die positive Übersetzung, wenn wir es neu rahmen würden, würde bedeuten: Er interessiert sich für meine Arbeit. Ich sehe Sie schon grinsen und aufstöhnen – es kommt noch schlimmer.

Nehmen wir den Chef, der Sie und seine Meetings mit Ihnen, Ihre Jours fixes, immer wieder vertagt. Seine Assistentin sagt Ihnen am Nachmittag des Meetings: »Es wird später, wir melden uns.« Da könnten Sie sich alternativ zum Aufregen sagen: »Wie schön ist das denn? Ich habe Zeit gewonnen. Zeit für mich, die ich vielleicht für Entspannungstechniken benutzen kann, während ich auf Abruf sitze.«

Nehmen wir als nächste Eigenschaft einen Chef, der nichts entscheiden mag. Wie praktisch ist das denn? Die positive Sicht ist, Sie haben die Entscheidungsbefugnis. Sie sind sein Ratgeber, und er hält so viel von Ihrer Kompetenz, dass er Sie um Rat fragt und am Ende das tut, was Sie ihm vorschlagen.

Sie merken schon, es lässt sich mit ein bisschen positivem Denken das eine oder andere für uns anstrengende Verhalten umdeuten in etwas, was es eigentlich gleichzeitig auch ist. Am Ende wird die Frage sein, welches der beiden unterschiedlich gerahmten Bilder Sie anschauen. Klar können Sie sagen: »Meine Güte, der will immer Details wissen«, aber Sie können auch zu ihm ins nächste Meeting gehen und sich vorher schon innerlich programmieren: »Jetzt wird er wieder total interessiert sein und ganz viel nachfragen. Und es wird ein ganz angeregtes Meeting.« In dem Moment, wo Ihnen das gelingt, müssen Sie sich nicht mehr aufregen.

Vierte Strategie: Die Führungskraft nicht ändern wollen

Hier beschäftigen wir uns mit der Frage, ob Sie es sein müssen, die Ihrem Chef sagt, wie es ankommt, wenn er mit den Händen in der Hosentasche vorn auf der Betriebsversammlung spricht. Oder ob Sie es sein müssen, die dem Chef sagt, dass es nicht so gut ankommt, dass er ein Verhältnis mit einer Kollegin im Betrieb hat. Ganz eindeutig nein, es sind nicht Sie. Wenn Sie dazu neigen, die Welt verbessern und Ihren Chef ändern zu wollen, dann kommen jetzt zwei Fragen, die Sie sich als Bildschirmschoner auf Ihren Desktop speichern können, nämlich die Sätze: »Werde ich dafür bezahlt, ihn zu ändern?« und »Ist das meine Aufgabe?«. Und wenn nur eine Antwort von beiden Nein lautet, sind Sie raus. Ihr Chef hat eine Chefin. Ihr Chef hat eine Frau, eine Freundin und andere Freunde, einen Ehepartner oder einen Aufsichtsrat oder einen Coach. Und all die können sich an ihm abarbeiten und ihm Feedback geben und mit ihm darüber reden, was geht und was nicht geht. Die können ihm seine Wirkung und die Auswirkung seiner Handlungen spiegeln, aber nicht Sie. Es geht meistens schief. Damit das lebbar wäre, bräuchte man ein sehr vertrauensvolles Verhältnis zueinander, sehr viel Vertrauen ineinander und eine offene Unternehmenskultur, in der Feedback auf allen Ebenen gewünscht und gefördert wird, unabhängig von der Richtung und Hierarchie. Das ist aber noch lange nicht in der Mehrzahl der Unternehmen der Fall. Sollte das genau in Ihrem Fall anders sein und offenes Feedback eingefordert und gern angenommen werden, dann feiern Sie das!

Fünfte Strategie: Sich bewusst aufregen

Wenn Sie sich aufregen, daran abarbeiten und hochziehen möchten und sich immer wieder im Kreis mit diesen Gedanken beschäftigen, wie ätzend Sie es finden, gleich wieder einen Jour fixe zu haben, und sich schon reinsteigern, Ihren Chef so nervig zu finden, dann tun Sie das wenigstens bewusst und sogar mit Genuss. Es gibt Menschen, die lieben es, sich aufzuregen. Dagegen gibt es überhaupt nichts einzuwenden. Denn in dem Moment, wo Sie sich bewusst entscheiden: »Ich habe jetzt richtig Lust, mich aufzuregen«, regen Sie sich bitte gern auf. Dann sitzen Sie nämlich im Driver's Seat Ihrer Gedanken und Sie steuern Ihren Blutdruck. Dann ist es nur noch halb so schlimm. Also genießen Sie es, wenn Sie sich aufregen müssen, und machen Sie es bewusst, dann tut es weniger weh. Manche haben zum Aufregen den Glaubenssatz: »Wenn ich mich aufrege, fühle ich mich lebendig.« Dann nur zu.

Am Ende gilt für dieses Thema zweierlei. Zum einen die Kontrollfrage »Ist das, worüber ich mich hier aufrege, in einem Jahr noch wichtig?«. Die finde ich sehr gelungen für alles, worüber wir uns aufregen. Es müssen ja nicht nur Chefs sein, es gibt auch andere Themen. Ist es in einem Jahr noch wichtig? Und wenn es das nicht ist, stoppen Sie den Gedankenfluss und regen sich nicht mehr auf. Wie Sie das genau machen, sehen wir weiter oben im Kapitel 5.

> »Ist das, worüber ich mich hier aufrege, in einem Jahr noch wichtig?«

Und zweitens gilt ebenso für uns alle: Man kann sich den ganzen Tag aufregen, aber verpflichtet dazu ist man nicht. In diesem Sinne: Passen Sie gut auf sich auf und schauen Sie mal in sich hinein, was Sie so aus der Haut fahren lässt und wie Ihre Strategie sein kann, da rauszukommen.

Kapitel 19

Sie als neue Führungskraft – sieben Punkte entscheiden über Ihren Erfolg

Wir widmen uns dem Thema, was auf Sie zukommt und welche Erfolgsfaktoren Sie unterstützen, wenn Sie als Führungskraft irgendwo neu beginnen. Entweder wurden Sie intern befördert und nehmen eine höhere Hierarchiestufe ein, oder im Unternehmen wurde umstrukturiert und Sie sind jetzt die neue Chefin für ein Team, das sich völlig neu zusammensetzt. Oder Sie wechseln das Unternehmen und beginnen als Führungskraft irgendwo neu.

Man kann in der Praxis einiges sehen, bei dem Mitarbeitende am Ende die Hände über dem Kopf zusammenschlagen und denken: »Diese Führungskraft sitzen wir auch noch aus. Wir haben schon so viele überlebt.« Und manchmal sieht man die andere Seite der Skalierung und beobachtet Begeisterung ab der ersten Stunde. Wir wollen uns jetzt anschauen, was dazu beiträgt, dass es ein Erfolg wird, wenn Sie in einer Führungsrolle neu beginnen, in welcher Konstellation auch immer. Sieben Punkte sind es insgesamt, die Sie darin unterstützen können.

Punkt 1: Erkennen Sie die Vergangenheit an

Als Erstes gilt es, die Vergangenheit Ihres Teams, Ihres Vorgängers zu kennen und wertzuschätzen. Wir starten oft unüberlegt mit dem Gefühl, der Zeiger stünde auf null und wir fingen einfach an. Dabei hat jedes Team, jedes Unternehmen, jeder Vorgänger eine Geschichte, die heute noch nachwirkt und die Sie kennen sollten. Finden Sie heraus: Warum wurde eigentlich mein Vorgänger oder meine Vorgängerin entlassen? Warum hat man sich von dieser Person getrennt? Oder warum ist sie selbst nach einem halben Jahr schon weggegangen? Oder was war das für ein Mensch, der hier 30 Jahre dieses Team geleitet hat? Was muss ich über den wissen? Wie hat er geführt? Wie war der drauf? Wie etabliert war er? Es lohnt sich, darüber zu reflektieren, denn diese Vorgänger haben das Team in irgendeiner Form geprägt.

Es ist ebenso hilfreich zu wissen, ob Ihrem Vorgänger, Ihrer Vorgängerin von irgendeiner Seite quer oder aus der Hierarchie Unbill drohte, damit Sie sich entsprechend vorbereiten können. Ebenso interessant ist in dem Zusammenhang auch die Frage, was man sich von Ihnen verspricht, und zwar aus der Blickrichtung von oben, also Ihre Führungskraft und die Führungskraft Ihrer Führungskraft. Was versprechen die sich von Ihnen? Was ist Ihr versteckter Auftrag? Was ist die Erwartung, die man an Sie hat? Finden Sie das frühzeitig heraus, damit Sie sich auf den richtigen Weg begeben und dem gerecht werden oder es gleich von vornherein ausschließen können, wenn es etwas ist, für das Sie nicht stehen. Extrem selten werden diese Erwartungen von allein im Bewerbungskontext schon deutlich gemacht und noch seltener bei einer internen Beförderung.

Interessante Fragen sind zum Beispiel folgende. Manche von ihnen werden sich Ihre Führungskräfte noch nicht einmal selbst so deutlich gestellt oder beantwortet haben.

- Wie hätten Sie mich gerne?
- Was ist das Ziel mit mir in dieser Position?
- Warum genau ich?
- Was haben Sie in mir gesehen, als Sie mich dafür auswählten?

Sobald Sie die Antworten kennen, können Sie checken:

- Wie passt das zur Realität?
- Was finde ich vor? Welche Ausstattung? Wie viele Menschen? Wie viele unbesetzte Stellen, wie viele ungelöste Probleme? Wie viele Schäden aus der Vergangenheit, wie viele Scherben, die da noch liegen?
- Ist dieser Auftrag, diese Erwartung an Sie realistisch?

Nach einigen Wochen der Ist-Analyse können Sie dann im Zweifel darüber ein Gespräch beginnen und Ihre Rückmeldung nach den berühmten 100 Tagen geben. »Ich habe hier das und das vorgefunden, und die Situation sieht so und so aus. Und Ihr Auftrag ist, dass wir ganz groß rauskommen. Aber ich kann Ihnen sagen, mit dieser Ausstattung: Vergessen Sie es.« Je klarer – wenn auch wahrscheinlich etwas diplomatischer – und je rechtzeitiger Sie das sagen, umso besser für Sie, weil Sie daran irgendwann gemessen werden, diesen Auftrag auszufüllen. Und wenn Sie es nicht tun, fragt man Sie, warum Sie es nicht geschafft haben. Wenn Sie dann sagen: »Das konnte ich gar nicht, weil …«, fragt man zu Recht: »Warum haben Sie uns das nicht gesagt?« Der schwarze Peter bleibt also bei Ihnen, so oder so.

Insofern würde ich empfehlen, das Gespräch zu suchen. Wenn Sie eine gute Führungskraft haben, macht sie es von sich aus, aber verlassen sollten Sie sich nicht darauf.

Es kann Ihnen auch passieren, dass der Vorgänger eine ganz beliebte Person war, eine Persönlichkeit, an der alle gehangen haben und von der keiner wollte, dass sie geht oder womöglich noch gehen musste. In dieser Konstellation kann es durchaus sein, dass man Ihnen erst mal sehr negativ begegnet und Sie ganz kritisch sieht, weil man den anderen, die andere ja eigentlich viel lieber hatte.

Ebenso möglich wäre, dass es häufige Wechsel in dieser Rolle gab und sich das Team sagt: »Den sitzen wir jetzt auch noch aus. Wir haben jetzt in den letzten drei Jahren vier durchgeschleust, alles super High-Potentials, die ganz groß und ganz weit vorn waren. Und wir haben jedes Mal darunter gelitten, dass sie keine Ahnung hatten.« Dann wird man auch Ihnen entsprechend kritisch gegenüberstehen, ohne Sie überhaupt zu kennen. Auch diesen Fall müssten Sie wenigstens nicht persönlich nehmen. Aber es ist etwas, das wir wissen müssen. Wir finden all das relativ gut heraus, wenn wir mit den Mitarbeitenden sprechen und vor allem zuhören.

Was immer an Vergangenem als Geschichten unterwegs ist, Ihnen geschildert wird, Sie beobachten oder an Arbeitsweisen vorfinden, versuchen Sie, das Ganze nicht negativ zu kommentieren. Damit lassen Sie gleichzeitig Ihren Mitarbeitenden den Raum für die Loyalität zur Vergangenheit. Die haben alles nach bestem Wissen und Gewissen gemacht. Wenn sich dann ein Neuer hinstellt und fragt: »Was finde ich denn hier vor, wie habt *Ihr* denn gearbeitet?«, und alles kritisiert, dann ist das kein guter Start. Sie können das denken, Sie können es später ändern, aber zum Start einer gemeinsamen Zusammenarbeit würde ich mich von negativen Kommentaren erst einmal fernhalten, damit Sie sich zunächst kennen lernen und auch verstehen, aus welcher Motivation und Gemengelage heraus hier so gehandelt wurde, wie gehandelt wurde.

Punkt 2: Verdeutlichen Sie, wofür Sie stehen

Der zweite Schritt ist ein klarer Auftritt von Ihnen, um damit eine berechenbare Größe zu werden. Handeln und Sprechen sollten eins sein. Es ist zudem eine gute Basis, sich dem Team zunächst einmal vorzustellen, entweder live oder online. Sprechen Sie über Ihre Werte und Arbeitsweisen: Wo komme ich her, wie bin ich, wie ticke ich, welche Besonderheiten muss man über mich oder meine Geschichte wissen? Worauf freue ich mich? Warum bin ich hierhergekommen? Wofür brauche ich Sie alle? Wofür stehe ich? Das alles in einer Antrittsrede oder gar Präsentation zu verpacken, könnte sehr überzeugend und sehr motivierend sein. Je authentischer Sie dann sind, umso besser kann man Sie einschätzen. Heute so, morgen so – das wäre schwierig, insbesondere am Anfang. Besser ist es, zum Start ein sehr kompaktes Bild von sich zu erzeugen, damit ich mich auch auf Sie einstellen und darauf verlassen kann, dass Sie so und so drauf sind. Je länger man sich aneinander gewöhnt hat, je tragfähiger die Beziehung der Zusammenarbeit ist, desto mehr Verhaltensvarianz wird möglich.

» Je länger man sich aneinander gewöhnt hat, je tragfähiger die Beziehung der Zusammenarbeit ist, desto mehr Verhaltensvarianz wird möglich.

Punkt 3: Seien Sie sich Ihrer Rolle bewusst

Als Nächstes gilt es, sich seiner Rolle bewusst zu sein und auf entsprechende Nähe oder Distanz zu achten, sich also, ich sage es jetzt mal mit meinen Worten, nicht »einzuschleimen« in ein Team und darauf zu setzen, dass man Beliebtheitspunkte sammelt. Es ist manchmal eine Versuchung, wenn alle sehr kritisch einem gegenüber eingestellt sind, aber es erntet selten den Respekt des Teams. Meistens werden eher Augenbrauen in die Höhe gezogen, insbesondere wenn Sie von der Kollegin zur Chefin, vom Kollegen zum Chef befördert wurden. In diesen Fällen braucht es noch mehr Klarheit über den Rollenwechsel. Sie gehören nicht mehr zu den Kollegen, Sie sind jetzt hierarchisch »oben drüber«. Es gibt die Hierarchie, trotz aller modernen Zeiten, ob wir das wollen oder nicht, ob wir nett sind oder nicht. Es ist eine Tatsache, dass Sie ab jetzt existenzielle Entscheidungen treffen. Wer bleibt dabei? Wer kriegt eine Gehaltserhöhung? Wer kriegt den Urlaub in der Weihnachtszeit, wer nicht? Wer darf ein Sabbatical nehmen, wer nicht? Wer darf sein Lieblingsprojekt übernehmen, wer nicht? All diese Entscheidungen fallen leichter mit einer gewissen Distanz. Waren Sie jedoch vorher direkt Mitglied im Team, fällt es zunächst einmal schwerer.

Ebenfalls hilfreich, um in der neuen Rolle anzukommen, ist es, wenn Sie besonders am Anfang wenig Irritationen erzeugen, also lieber Signale senden, die zur Unternehmenskultur passen. Je schräger Sie auftreten, je merkwürdiger man Sie findet, je öfter man denkt: »Wie ist der denn drauf?«, umso schwieriger ist es am Anfang, Sie einzunorden, an Bord zu holen und in eine Unternehmenskultur einzupassen. Aber es geht im ersten Schritt um Integration und die fällt besonders schwer, wenn Sie sich als besonders anders darstellen. Das heißt nicht, dass Sie das alles verbergen oder für immer begraben müssen oder dass Sie keine Ecken und Kanten haben dürfen. Ich brauche nur zum Start ein kompaktes

> Ebenfalls hilfreich, um in der neuen Rolle anzukommen, ist es, wenn Sie besonders am Anfang wenig Irritationen erzeugen, also lieber Signale senden, die zur Unternehmenskultur passen.

Bild, das die Passung unterstreicht, denn letztendlich haben auch Sie eine Probezeit und man wird dann innerhalb von sechs Monaten entscheiden, ob Sie in diese Unternehmenskultur und Rolle hineinpassen oder nicht. Und das ist ein ganz wichtiges Kriterium für nicht bestandene Probezeiten. Selten geht es um Fachliches, meist um die kulturelle Passung und das Verhalten.

Punkt 4: Zeigen Sie Interesse

Was Sie ebenso – und als Führungskraft generell – brauchen, ist, ein Interesse für die Menschen und ihre Tätigkeiten zu entwickeln. Wenn Sie es haben, dann zeigen und leben Sie es unbedingt auch. Vereinbaren Sie also gerade am Anfang Einzeltermine mit Mitarbeitenden, und zwar mit jedem, der zu Ihrem Verantwortungsbereich gehört. Haben Sie in diesen Meetings Zeit und stellen Sie offene Fragen: Wie läuft es bei Ihnen? Wie geht es Ihnen? Was treibt Sie um? Was brauchen Sie? Wie kommen Sie voran? Wie lange sind Sie schon hier? Was ist Ihr Lebenslauf vor dieser Stelle gewesen? Was halten Sie bei uns für die wichtigsten Punkte? Was wünschen Sie sich von mir als Führungskraft?

Nach solchen offenen Fragen spricht der Mitarbeitende. Ihre Rolle ist das Zuhören. Das soll hier das Ziel sein. Sie hatten Ihre Antrittsrede und nun haben Sie die Einzeltermine, wo Sie sich als Mensch zeigen können. Jetzt geht es darum, dass Ihre Mitarbeitenden sprechen dürfen und Sie das offene Ohr und die Zeit haben. Wo immer das möglich ist, lohnen sich auch Zuschauen und Mitlaufen. Lernen Sie also die Jobs selbst kennen, um ein besseres Gefühl für die Herausforderungen zu bekommen. Nehmen wir mal an, Sie kommen aus einer anderen Branche und haben noch kein Gefühl für diese Branche, dann gehen Sie mit Ihren Mitarbeitenden mit und stehen in deren Jobs wie ein Praktikant daneben, um sich das alles erst mal anzuschauen und zu verstehen. Ihr echtes Interesse ist auch hier das A und O, fragen Sie neugierig nach, »bis der Arzt kommt«. Es wird immer als positive Wertschätzung angenommen werden.

Was Sie außerdem machen können, um einander kennen zu lernen, sind – gerade jetzt in Home-Office- und Distanzzeiten wegen Corona –

persönliche Meetings, zum Beispiel zum Spazierengehen. Es könnte sich lohnen, dass Sie sich mit jedem Ihrer Mitarbeitenden persönlich verabreden, nachdem Sie schon eine Teams-Konferenz und Ihre Antrittsrede gehalten haben, jeder hat sich ein bisschen vorgestellt und Sie haben vielleicht Leitfragen gestellt, zu denen jeder einmal sprechen konnte. Spazierengehen und beim Gehen offen sprechen ist eine sehr schöne Form des Austauschs. Beim Gehen kann man sich relativ entspannt kennen lernen, und man sieht die Bewegung dazu. Man sieht, wie schnell jemand ist, man fühlt, ob das Tempo passt, man ist einfach freier. Auch in der Wortfindung ist es ein bisschen lebendiger. Das könnte eine gute Idee sein, um jeden einmal erlebt zu haben, im wahrsten Sinne des Wortes, und dem anderen die Chance zu geben, einen auch zu erleben.

Punkt 5: Fragen und beobachten Sie

Wir haben bereits festgestellt, dass es darum geht, vieles kennen zu lernen. Das bedeutet, offene Fragen zu stellen und nicht zu bewerten oder zu kommentieren nach dem Motto: »Ja, aber warum haben Sie das denn gemacht? Das verstehe ich nicht. Echt? So arbeiten Sie hier noch? Das gibt es ja nicht! Das habe ich ja ewig nicht gesehen, also bei uns war das ganz anders …« Diese Bewertungen lassen Sie bitte weg. Wenn Sie alles infrage stellen, lässt Sie das weder souverän noch stark erscheinen und auch nicht wie eine super smarte Führungskraft. Gleichermaßen vermeiden Sie bitte auch die Frage nach dem Warum: »Warum haben Sie es denn so gemacht?« oder »Warum sind Sie denn bisher immer so vorgegangen?«. Die Frage nach dem Warum führt schnell dazu, dass sich die Gefragten angegriffen und im Rechtfertigungszwang fühlen. Um etwas besser zu verstehen, fragen Sie

> Wenn Sie alles infrage stellen, lässt Sie das weder souverän noch stark erscheinen und auch nicht wie eine super smarte Führungskraft.

stattdessen gern, was die Motivation war oder in welchem Kontext diese Vorgehensweise entstanden ist oder welchem Ziel diese Vorgehensweise gedient hat. Das sind neutrale Fragen, die dazu dienen, dass Sie es nachvollziehen können. Sie können es auch wörtlich ergänzen: »Damit ich das besser einordnen/verstehen kann …«

Punkt 6: Bewerten Sie erst später

Zuerst sollten Sie alles aufnehmen und später erst bewerten und gegebenenfalls mit Ihren Vorerfahrungen vergleichen. Nur weniges nervt mehr als jemand, der ständig sagt: »In meiner vorigen Firma XY, da haben wir das so gemacht. Also ich kenne das nur so. Ich habe das so und so erlebt. Bei uns hatten wir lange schon diese Software, die haben Sie ja hier immer noch nicht. Das gibt's ja nicht. Ohne die geht's doch gar nicht.« Wenn das jemand auch noch ein Jahr nach dem Start sagt, fragt man sich, ob diese Person je wirklich angekommen ist. Das ist, als würden Sie ständig ungläubig den Kopf schütteln, und sehr leicht schwingt darin ein Hauch von Verachtung mit. »Wie seid ihr denn hier drauf? Boah, ihr Deppen! Also ich komme aus einer Welt, die war viel besser«, das könnte der Subtext sein. Und Verachtung zieht immer eine Nebenwirkung nach sich, nämlich Abstand. Ich möchte doch nicht von meiner zukünftigen oder jetzigen Führungskraft verachtet werden. Ich möchte doch nicht für blöd erklärt werden. Ich habe doch vielleicht gar nicht entscheiden können, mit welcher Software wir arbeiten. Ich habe doch die Prozesse gar nicht aufgesetzt. Es gibt ja Gründe dafür, wie es ist, und die liegen selten im Entscheidungsspielraum von mir als Mitarbeiterin. Insofern seien Sie bitte vorsichtig mit solchen Äußerungen.

Ich kann das nachvollziehen, manchmal kommen sie aus dem tiefsten Inneren, manchmal ist man wirklich ungläubig oder entsetzt, was es noch alles gibt oder wie viel Potenzial nicht ausgeschöpft wird. Genau darin liegt dann auch Ihre Chance für die Zukunft, deshalb sind Sie jetzt hier. Um vielleicht zu modernisieren, zu optimieren. Manchmal kommt die Motivation für solche Äußerungen auch von innen heraus, weil man auch mal kurz zeigen möchte, dass man eine Schlaue, ein Schlauer ist. Jetzt bin ich hier noch so fremd und so neu und muss so viele Fragen stellen, dann möchte ich auch mal die Chance nutzen, einen schlauen Kommentar zu bringen. Das wirkt aber leider eher, als würden Sie einen Keil zwischen sich und Ihr neues Team treiben, und das wäre es einfach nicht wert.

Schlucken Sie solche Äußerungen also runter und notieren Sie sich alles für später, wenn Sie vielleicht nach 100 Tagen einen Gesamtüberblick über Ihre Eindrücke geben. Was habe ich als sehr stark erlebt? Was habe ich als zur unbedingten Weiterführung würdig erlebt? Wo würde ich sagen, hier haben wir noch ein bisschen Luft nach oben? Das wäre meine Meinung, wie seht ihr das? Und welche Ideen habt ihr noch zur Optimierung? Das geht irgendwann, aber eben nicht gleich zu Beginn, sondern erst, wenn das Vertrauen gewachsen ist. Sie werden sehen, nicht alles Vorhandene gefällt allen im Team, viele Ihrer Mitarbeitenden werden auch einiges kritisch sehen und verändern wollen. Wenn sie denn darin einbezogen werden und die Motivation die Verbesserung für alle ist und nicht das Abschneiden alter Zöpfe, nur weil diese alt und vom Vorgänger sind, dann kann das gemeinsam ein sehr fruchtbarer Prozess werden.

Punkt 7: Liefern Sie

Der letzte Punkt lautet, die Einarbeitungsphase darf nicht als Entschuldigung verwendet werden. Manche Führungskräfte, die nicht liefern, keine Ahnung haben, keine Entscheidung treffen wollen oder tatsächlich in der Nachbetrachtung eine Fehlbesetzung sind, verstecken sich lange dahinter, dass sie ja noch in der Einarbeitungsphase sind. Mit dieser Begründung haben sie dann weder eine Meinung noch Entscheidungsfähigkeit oder irgendetwas inhaltlich beigetragen, weil sie ja noch so neu sind, und verweisen auch immer wieder aktiv darauf. Das kann man nicht beliebig lange machen, irgendwann muss entschieden oder geliefert werden. Je nach Komplexität der neuen Aufgabe, des neuen Unternehmens, sollte man spätestens nach drei, vier Monaten in der Lage sein, einen echten Beitrag zu leisten, sonst wird es kritisch. Das erwarten die Kollegen gleicher Ebene, die Chefs und Chefinnen und Ihr Team natürlich auch. Sich hinter der Einarbeitungsphase länger zu verstecken als ein paar Monate, geht nicht.

Und apropos verstecken, da kommt mir das Home-Office in den Sinn. Eine neue Rolle, eine neue Führungsrolle ausschließlich aus dem Home-Office heraus zu leben, würde ich auch nicht empfehlen. Für das Ankommen und das Kennenlernen einer neuen Unternehmenskultur oder auch das Mitbekommen von Schwingungen in Ihrem Team brauchen Sie körperliche Anwesenheit. Seien Sie so oft wie möglich anwesend. In den meisten Jobs geht das, es wird sowieso so organisiert, dass man genug Platz hat und reihum anwesend sein kann. Nutzen Sie diese Zeitfenster so oft Sie können, denn Karrieren werden vor Ort gemacht, Netzwerke werden dort geknüpft.

» Für das Ankommen und das Kennenlernen einer neuen Unternehmenskultur oder auch das Mitbekommen von Schwingungen in Ihrem Team brauchen Sie körperliche Anwesenheit.

Wenn wir jetzt im Home-Office arbeiten, auf Distanz, dann können wir das tun. Wenn wir lange schon vernetzt sind und auch gut angekommen sind in der Rolle, dann wissen wir, wen wir wann zu informieren und zu fragen haben. Wenn unsere Mitarbeitenden uns erst einmal kennen gelernt haben und einschätzen können, wie wir arbeiten, informieren, kommunizieren und handeln, dann funktioniert es. Aber wenn wir neu sind, haben wir keine Chance, all das aufzubauen und vor allem die Unternehmenskultur zu »erschnuppern«. Wie ticken die hier eigentlich? Wie bewegen sie sich? Wie ist ihr Tagesablauf? Wie gehen sie miteinander um? Wie laufen hier Meetings ab? Wie locker ist der Ton, wie streng wird auf Hierarchie Wert gelegt? Das muss ich möglichst oft gesehen, erlebt und erfühlt haben, damit ich mich da »einbauen« kann.

Ein weiterer Vorteil: Wenn Sie anwesend sind, können sich Mitarbeitende relativ kurzfristig, »niedrigschwellig« einen Termin bei Ihnen holen beziehungsweise einfach mal vorbeikommen und Sie

»beschnuppern« und kennen lernen. Wenn Sie fremd sind, würden Mitarbeitende sich nicht unbedingt einen virtuellen Termin mit Ihnen einstellen lassen, um Sie besser kennen zu lernen. Das ist eine Schwelle, die viel zu hoch ist. Das machen meist nur die »Streber«, die immer sehr eifrig in der ersten Reihe dabei sind, vielleicht an ihrer Karriere arbeiten und Beliebtheitspunkte sammeln. Die sind aber nicht repräsentativ. Alle anderen, gerade die Leisen, die möglicherweise wichtig sind, oder die Langjährigen warten auf die »zufällige« Gelegenheit. Wenn Sie häufig anwesend sind, schaffen Sie diese Gelegenheit ganz nebenbei, sofern Sie denn Lücken in Ihrem Kalender haben, wozu Sie im Kapitel 23 mehr erfahren. Dann sind Sie gut ansprechbar und können viel schneller Kontakte aufbauen.

Ich wünsche Ihnen, dass Sie gut in Ihre neue Führungsrolle reinkommen und sich willkommen und am richtigen Platz fühlen und dann sehr schnell auch in der Lage sind, mit festem Boden unter den Füßen kraftvoll als Führungskraft zu agieren.

Kapitel 20

Zwölf Tipps für mehr Präsenz im Video – Ihre Körpersprache prägt Ihr Image

Ein gutes Bild von Ihnen erzeugt ein gutes Image – im doppelten Wortsinn. Und das brauchen Sie für das interne Wettrennen, wenn Sie denn überhaupt mitrennen wollen, denn die Konkurrenz schläft bekanntlich nicht. Die smarten, selbstmarketingstarken Manager und Managerinnen haben auch in der Corona-Krise aus dem Home-Office heraus an ihrer Karriere gearbeitet. Die folgenden zwölf Tipps fassen kompakt zusammen, wie Sie Ihre Präsenz auch im Video entfalten können.

In Zeiten von Corona wurde das Home-Office richtig salonfähig und wo immer möglich eingeführt. Wie gut, dass viele Firmen technisch schon so weit waren, sonst wären noch mehr Mitarbeitende in Kurzarbeit gelandet. In diesen Home-Office-Zeiten sah man in Videokonferenzen und Videocalls wirklich Schreckliches, manchmal Peinliches und manchmal auch Amüsantes. Kinder und halbnackte Familienangehörige liefen im Hintergrund durchs Bild und Katzen schlichen über die Tastatur, Hunde und Kleinkinder wurden in die Kamera gehalten. Man sah aber leider auch Dekoartikel, die man eigentlich nicht mit seiner Führungskraft verbinden wollte, und ungemachte Betten, wenn sich jemand ins Schlafzimmer zurückgezogen hat. Es mangelte manchmal an angemessener Kleidung und einem gepflegten Äußeren – so fand sich vom verwaschenen Lieblings-T-Shirt bis zum unausgeschlafenen Gesichtslook mit Strubbelhaaren alles.

Ja, das geht alles, und im Sinne der Authentizität ist es super. Sie zeigen all Ihre Seiten und alle Facetten Ihres Lebens. Die Frage ist nur, wollen Sie ernsthaft damit verbunden werden und finden Sie es cool, dass man genau diese Dinge jetzt von Ihnen weiß und leider auch nicht vergessen wird?

Die Frage ist, mit welchem Bild wir in unserer Führungsrolle unterwegs sind. In Videokonferenzen waren Sie ja nicht nur mit Ihren Mitarbeitenden zusammen, sondern auch mit Kollegen, Vorgesetzten, Kunden und Stakeholdern. Die Frage ist tatsächlich: Wie möchten Sie rüberkommen, welches Bild soll von Ihnen in der Öffentlichkeit stehen? Das von der flauschigen Katze und dem Fußball-Fanschal über Ihrem Bürostuhl oder das von Ihrem verwaschenen Lieblingsshirt und dem inzwischen langen Bart, den Sie sonst nie ausführen? Möchten Sie, dass jemand mitbekommt, wie Sie Ihre Kinder wegscheuchen, was ab dem zweiten Lockdown immer wieder zu sehen war, weil die Nerven blank lagen? Ist es das, womit man Sie verbinden soll? Okay, dann weiter so! Wenn nicht, gibt es ein paar Dinge, die Sie ändern können.

Was man auch sah, waren unkonzentrierte, leere Blicke, Menschen, die vergaßen, die Kamera auszustellen, wenn es peinlich wurde, oder ihren Gesichtszügen freien Lauf ließen. Und da kommen wir schon zu einem Phänomen vom Video. Wir haben gelernt, uns in Anwesenheit von anderen Menschen zusammenzureißen, also in unserer Rolle zu bleiben und uns angemessen zu verhalten. Wenn die Kamera angeschaltet ist, wir zu Hause sitzen und es irgendwie gemütlich haben, scheint das jedoch vergessen zu sein und dann klappt es nicht so richtig gut, die Rolle auszufüllen. Die Körperspannung sinkt, wir sind nicht so konzentriert. Der fehlende Augenkontakt zu unserem Gegenüber, den wir im echten Leben richtig gut und auch sehr konzentriert wahrnehmen, der sorgt dafür, dass die Verbindung nicht so fest ist, und in dieser lockeren Verbindung rutschen wir dann noch eher weg.

> **Warum es sich für Sie lohnt, tatsächlich über Ihr Bild, das Sie im Video zeigen, nachzudenken, ist die Deckungsgleichheit Ihrer Handlungen und Ihr Auftritt persönlich und im Video.**

Warum es sich für Sie lohnt, tatsächlich über Ihr Bild, das Sie im Video zeigen, nachzudenken, ist die Deckungsgleichheit Ihrer Handlungen und Ihr Auftritt persönlich und im Video. Je besser man Sie wiedererkennt und sagt: »Ja das ist die Person, mit der ich sonst auch als Teamleader oder als Führungskraft zusammenarbeite«, umso besser ist es für Ihre Ausdruckskraft. Diese zwölf Tipps können Ihnen dabei helfen.

1. Tipp: Aufrechte Körperhaltung

Sitzen Sie gerade, und halten Sie Ihren Kopf aufrecht, also so, als ob Sie an Ihrem hinteren Scheitelpunkt ziehen würden, damit das Kinn in den richtigen Winkel parallel zum Boden rutscht und Sie eine gute Stimme haben und in die Körperspannung kommen. Man sollte Ihnen ansehen, als Zielbild sozusagen, dass Sie wichtig, konzentriert und interessiert sind.

2. Tipp: Wenig bewegen

Bewegen Sie sich relativ wenig. Das gilt ja auch für Fernsehinterviews: Wo immer eine Kamera auf Sie gerichtet ist, wirkt viel Bewegung leider nicht lebendig, sondern hektisch und unsicher. Das heißt: wenig Bewegung gleich Souveränität. Hierauf ist insbesondere an höhenverstellbaren Schreibtischen zu achten, die gesund sind, leider jedoch zum »Zappeln« verführen.

3. Tipp: Ankündigen, dass Sie sich Notizen machen

Hilfreich ist es, vorher anzukündigen, dass Sie sich Notizen machen und deshalb ab und zu wegschauen werden. Dann wundern sich Ihre Gesprächspartner oder Konferenzteilnehmer nicht, warum Sie immer nach rechts unten oder, wenn sie Linkshänder sind, links unten schauen und ganz konzentriert das Haupt senken. Kündigen Sie es einfach vorher an, dann ist Ihrem Gegenüber das klar. Ja, der andere würde irgendwann auch selbst darauf kommen, aber es geht hier auch darum, für ein sauberes Bild Irritationen möglichst von Beginn an zu vermeiden. Und das tun Sie, indem Sie es vorher ansprechen.

4. Tipp: Sich Ihrer Rolle bewusst sein

Machen Sie sich bewusst, welche Rolle Sie gerade einnehmen. Sind Sie in diesem Videocall oder in einer Videokonferenz mit mehreren Teilnehmern der Veranstalter und moderieren das Ganze, oder sind Sie einer von vielen Zuhörern? Stellen Sie also die wichtigen Fragen und lassen sich berichten, oder sagen Sie einfach nur mal Hallo? »Ich wollte einfach nur mal Hallo sagen, wie ist es denn so?« ist ein ganz anderes Thema, als wenn Sie sagen: »So, eine Woche ist rum, was ist am Markt passiert? Können Sie mir bitte berichten, wie es bei dem Kunden XY gelaufen ist?« »Fassen Sie doch mal zusammen, wie weit der Projektstand ist!« Das ist eine ganz andere Rolle, eine ganz andere innere Haltung, und die sollte man idealerweise sehen.

Das heißt, wenn Sie wirklich niedrigschwellig einfach nur mal einen Mitarbeiter anrufen und fragen: »Hey, ich wollte mal wissen, wie läuft es, wie kommen Sie zurecht mit der Kinderbetreuung und dem Spagat zwischen Home-Schooling und Arbeit?«, dann können Sie sich ein bisschen entspannter hinsetzen und auch etwas zurücklehnen. Halten Sie trotzdem den Blickkontakt, das ist auch in der zuhörenden Rolle wichtig (dazu gleich mehr in Tipp 8).

Wenn Sie die Moderatorenrolle innehaben, ist es wichtig, dass Sie gestrafft rüberkommen. Da sind also die Körperspannung und die Präsenz tatsächlich besser, wenn beide sichtbar sind. Im Video haben Sie keine Chance, wie im echten Gespräch als Moderator zum Beispiel den Arm oder die Hand zu heben und damit zu signalisieren: »Hey, ich habe jetzt einen Punkt, ich will was sagen!« Hier ist Ihre Präsenz im Sinne von Körperspannung ein wichtiger Hinweis für andere. Auch deswegen ist dieser Punkt so entscheidend: Grundsätzlich glaubt man immer erst der Körpersprache und dann dem Text und dem Inhalt.

Ein noch so brillanter Text verschwindet sinnbildlich, wenn Sie rumzappeln, aussehen wie frisch aus dem Bett oder dauernd an sich herumwuscheln und sich die Haare raufen.

5. Tipp: Passende Kleidung

Kommen wir zur Kleidung. Mindestens obenrum sollte man gekleidet sein wie im Job, da gibt es keine zwei Meinungen. Das heißt also, mindestens ein gutes Hemd, eine passende Bluse oder irgendetwas, was nach Ihrem Business aussieht. Vielleicht tut es Ihnen sogar gut, gerade wenn Sie emotional gefordert sind oder wenn Sie ein wichtiges Projekt beim Kunden per Video vorstellen wollen, dass Sie dann auch tatsächlich ein Sakko tragen wie sonst auch. Dass man Sie so sieht, wie man Sie sonst auch kennt, ergibt wirklich Sinn. Es gibt keinen Grund, im Home-Office ein anderes Bild von sich zu erzeugen als im echten Leben.

Kleidung und die Wahl dieser Kleidung haben noch einen anderen Vorteil für uns, denn sie unterstützen unsere eigene Körpersprache und Körperspannung unbewusst. Das heißt, Ihr Gehirn schaut einmal von oben nach unten an Ihnen herunter und sieht: »Oh, wir tragen ein Sakko, oh, wir haben einen Gürtel um, oh, wir haben sogar gute Schuhe an, wir scheinen im Job zu sein. Wir sind im Job!!« Und dann geht das Signal an die Schaltzentrale und das Gehirn weiß, wie es sich dann entsprechend zu verhalten hat. Dieses sogenannte Rollenmäntelchen, das Kleidung grundsätzlich für uns ist, hilft uns, relativ leicht und geschmeidig das zu liefern, was mit dieser Rolle verbunden ist.

> Kleidung und die Wahl dieser Kleidung haben noch einen anderen Vorteil für uns, denn sie unterstützen unsere eigene Körpersprache und Körperspannung unbewusst.

Würde man versuchen, die gleiche Präsenz im Kuschelpulli und im gemütlichen Jogger zu erzeugen, vielleicht noch in Fellpuschen, weil die so schön warm sind, wäre es richtig mühsam. Man müsste jetzt gegen die Signale arbeiten, die Ihr Gehirn körpersprachlich über die Stoffe, die Kleidung, den Sitz der Kleidung und die Optik von sich selbst empfängt. Das ist schwierig. Also unterstützen Sie sich durch das volle Programm: Schmuck, Hemd, Sakko, und am besten auch untenherum, falls Sie doch mal aufstehen müssen – und das kommt öfter vor, als uns lieb ist. Zur Kleidung können wir vielleicht auch noch mal kurz sagen: Die Kamera verschärft alles Negative dramatisch. Stoffe, die nicht mehr so richtig schön sind oder ein bisschen ausgefranste Hemdkragenkanten, kleine Flecken oder abgeschrubbelte Stoffe verstärkt die Kamera sehr stark und das sieht einfach schnell billig aus. Also dann vielleicht sogar das beste Hemd anziehen. Falls es frisch aus der Packung kommt und nagelneu ist, bügeln Sie bitte einmal die Falten heraus, die von der Packung stammen, auch das sehen wir manchmal, Querfalten in neuen Hemden.

6. Tipp: Fokus und Konzentration

Seien Sie fokussiert und konzentriert. Das beginnt mit der Vorbereitung. Sie sollten sich auf ein Videogespräch oder eine Videokonferenz genauso vorbereiten wie auf ein sonstiges Meeting. Es wirkt nicht souverän, Unterlagen erst im Meeting zu lesen, in irgendetwas rumzublättern oder rumzuklicken und sich parallel erstmal auf Stand zu bringen. Ebenso unsouverän wirkt es, wenn Sie inhaltlich nicht fokussiert sind und erst beim Sprechen vor der Kamera anfangen zu denken. Es kommt sowieso nie gut an, wenn Führungskräfte erst beim Reden denken – die Kamera verschärft auch das eher negativ.

7. Tipp: Nicken

Das Problem kennen Sie auch vom Telefonieren. Sie schweigen lange, weil Sie konzentriert zuhören, und derjenige am anderen Ende fragt: »Sind Sie noch dran, ist da noch jemand?« Genau das Phänomen haben Sie sehr schnell auch beim Video. Da kann ich Sie zwar sehen, aber erst in dem Moment, wo Sie nicken, signalisieren Sie mir: »Alles klar, ich bin gedanklich bei Ihnen und verstehe, was Sie sagen.« Nicken Sie also, wenn andere sprechen, damit diese sehen, dass Sie dabei sind. Das unterstreicht ebenso Ihre Präsenz und dient Ihrem Image.

8. Tipp: Augenkontakt

Wir sind es gewohnt, normalerweise in die Augen unseres Gegenübers zu schauen und auch den Blickkontakt zurückzubekommen. Er bestärkt uns darin, dass wir auf demselben Kanal unterwegs sind, und gibt uns einfach ein gutes Gefühl. Jemand, der immer wegguckt, irritiert uns und auch den Redefluss. Achten Sie mal darauf, wenn Sie Gesprächspartner haben, die, während Sie sprechen, die ganze Zeit woanders hinschauen. Das nimmt man irgendwie persönlich und sollte es wahrscheinlich auch. Augenkontakt mit Video herzustellen, ist relativ schwierig, denn der andere sieht Ihren Augenkontakt nur, wenn Sie auf den Kamerapunkt schauen, also direkt in die Linse. Das heißt, Sie sind gezwungen, nicht auf das Bild desjenigen zu schauen, den Sie auf Ihrem Bildschirm haben. Das möchten wir aber natürlich instinktiv, weil wir denken: »Seine Augen sind ja in der Mitte des Bildschirms, also schaue ich auf die Mitte des Bildschirms.« Aber das kommt beim Gegenüber nicht so an. Nur wenn Sie in die Kamera sehen, sieht der andere, dass Sie ihn anschauen. Immer zwischen diesen beiden Bildebenen hin und her zu wechseln (zwischen Augenkontakt = Kamera anstarren und auf die Mitte des Bildschirms gucken = ich sehe Ihr Gesicht) macht Kommunikation per Video so anstrengend.

9. Tipp: Den Laptop-Bildschirm senkrecht stellen

Stellen Sie das Laptop in seinem Winkel möglichst senkrecht, sodass Ihr Gesicht nicht verzerrt wird. Hat der andere den Laptop-Deckel mehr als 90 Grad geneigt, sehen wir dadurch viel von der Zimmerdecke und der Stuckleiste, aber relativ wenig von der Person und leider auch eine Silhouette, wo der Kopf zu einem großen Ei wird. Mit anderen Worten, es sieht nicht richtig gut aus. Versuchen Sie, den Bildschirm möglichst senkrecht zu stellen, etwa im 90-Grad-Winkel, sodass Sie gut zu sehen sind und auch gute Proportionen haben.

10. Tipp: Kamera auf Augenhöhe

Stellen Sie das Laptop oder den Monitor nebst Kamera etwas höher, damit Sie die Kameralinse möglichst auf Augenhöhe haben. Ansonsten beugen Sie sich krumm darüber, und dann sind wieder die Zimmerdecke, Ihr krummer Rücken oder Ihre Nasenhaare und ein eventuell vorhandenes Doppelkinn zu sehen. Probieren Sie es einfach mal aus. Ihre Nackenmuskulatur wird es Ihnen auch danken.

11. Tipp: Professionellen Hintergrund wählen

Wählen Sie einen Hintergrund, der professionell wirkt. Sie können als künstlichen Hintergrund aus vielen Vorschlägen einen recht dezenten auswählen. Ich würde empfehlen, da eher etwas Schlichtes zu nehmen. Kürzlich wählte ein Videoteilnehmer die bunten Riesenbälle bei Teams, das sah aus, als würde der kleine Kai aus dem Småland von Ikea abgeholt werden müssen und vor lauter Bällen verschwand sein Kopf optisch, damit wurde auch sein Redebeitrag irrelevant.

Wenn Sie einen echten Hintergrund wählen möchten und es räumlich aber bei Ihnen nicht anders geht, als im Schlafzimmer zu hocken, nehmen Sie eine klassische alte Videoleinwand. Die kennen Sie bestimmt noch von früheren Diaabenden, wo man immer fast eingeschlafen ist. So eine Leinwand haben Sie vielleicht noch irgendwo im Keller versteckt, ansonsten sind sie gar nicht so teuer. Dann können Sie eine weiße Wand einfach zack wie ein Rollo runterziehen. Achten Sie dabei darauf, dass sie genau hinter Ihnen platziert ist und man nichts außer Ihnen sieht. Das fördert auch die Konzentration Ihrer Gesprächspartner und sie können Ihnen besser zuhören. Ansonsten sind sie abgelenkt durch das, was im Hintergrund alles Spannendes zu sehen ist – Ihre Bettwäsche, die Dekorationsartikel, die Sie noch von Weihnachten vergessen hatten wegzuräumen, oder irgendwelche Haustiere oder Angehörige, die durchs Bild wanken.

12. Tipp: Ein gutes Headset

Dieser Punkt betrifft den Ton. Investieren Sie in ein gutes Headset oder Micro. Ein Headset könnte eine gute Wahl sein, denn der Ton im Laptop ist meistens nicht so präsent und klar, wie Sie ihn über ein externes Mikrofon erzeugen können. Wenn Sie also noch kein Headset haben, ist es sinnvoll, sich eines anzuschaffen. Wählen Sie möglichst eines mit Kopfhörern und Micro, die Hintergrundgeräusche ausblenden (*noise cancelling*), dann hören Sie sich und die anderen sehr konzentriert. Das stärkt wiederum Ihre Fokussierung. Außerdem sprechen Sie dann in ein Mikro, das nicht so weit weg ist wie das Laptop-Micro, sondern sich direkt vor Ihrem Mund befindet. Das unterstreicht einfach Ihre akustische Präsenz, sodass man Ihnen gern und lange zuhören kann – zumindest akustisch und technisch.

Kapitel 21

Zwei Tools für die Priorisierung von Aufgaben, besonders im Home-Office

Insbesondere in Zeiten des Führens auf Distanz, also von Home-Office zu Home-Office, ist das Priorisieren von Arbeiten essenziell. Denn wenn man sich sieht und über den Flur schnell erkennt, woran jemand arbeitet, oder im Großraumbüro mitbekommt, welche Fragen jemand hat und woran er gerade sitzt, dann kann man ja schnell und kurzfristig reagieren. Hat man diese Möglichkeit aber nicht, weil man entweder im Home-Office arbeitet oder Mitarbeitende über mehrere Standorte hinweg führt, dann benötigt dieses Sprechen über die Priorisierung von Aufgaben noch mal einen anderen Rahmen.

Miteinander zu priorisieren, heißt grundsätzlich, eine Einigkeit darüber zu erzielen, was wir für die drei wichtigsten Punkte für diese Woche oder diesen Tag halten. Was hält der Mitarbeitende für die wichtigsten Themen? Idealerweise sollten beide Sichtweisen zusammenpassen. Wenn Sie also sagen, dass es diese drei sind und Ihr Mitarbeitender drei völlig andere Punkte auf dem Schirm hat, müssten Sie sich fragen: Erkennt er oder sie die Wichtigkeit? Hat er den roten Faden verstanden? Ist ihm klar, worum sich hier gerade alles dreht? Und wenn das nicht der Fall ist, heißt es für uns, im Erwartungsmanagement noch mal von vorn anzufangen und es noch einmal oder spätestens jetzt zu erklären. Dabei sind sich Kommunikationswissenschaftler einig, der Absender trägt die Verantwortung für das, was ankommt. Also in diesem Falle wir. Dieser Blick auf Prioritäten und das Ranking von Aufgaben sollte möglichst deckungsgleich sein.

Das Priorisieren ist auch für uns selbst wichtig, nämlich immer dann, wenn wir unsere eng getakteten Tage strukturieren müssen. (Zum Thema Zeitmanagement finden Sie auch im Kapitel 23 eine Menge

> Das Priorisieren ist auch für uns selbst wichtig, nämlich immer dann, wenn wir unsere eng getakteten Tage strukturieren müssen.

Hilfreiches.) In den letzten zwei Jahren war bei den meisten Menschen Land unter und sie schwammen. Die Komplexität und die Schnelligkeit sind in Zeiten, in denen Distanz statt Präsenz angesagt ist, besonders herausfordernd. Es kommt mir manchmal so vor, als wäre jeder eine Walnussschale im bewegten großen Meer: von Teams-Termin zur Zoom-Konferenz und wieder zurück. Und das alles lückenlos. Es fehlt die gedankliche Zeit, die Vorbereitungszeit, und es fehlen Reisezeiten. Wir haben uns da alle richtig schön selbst versklavt, und bei manchen scheint es überhaupt keine Alternative zu diesem Vorgehen zu geben. So bleibt also unterm Strich weniger Zeit, sich selbst um die wesentlichen Dinge zu kümmern. Wenn wir erkennen wollen, was die wirklich wesentlichen Themen sind, helfen uns zwei Werkzeuge, die ich hier gerne mit Ihnen teilen würde.

Erstes Tool: Eisenhower-Matrix

Was hilft mir zur Sortierung, was *wirklich* wichtig ist? Das erste Werkzeug, das ich Ihnen empfehlen kann, ist die sogenannte Eisenhower-Matrix, an die Sie sich vielleicht wiedererinnern oder die Sie bereits aktiv nutzen. Es ist eine Matrix mit vier Feldern, bei der unten nach rechts die Achse in Sachen Dringlichkeit geht. Hier wird die Zeit gemessen. Was richtig dringlich ist, wohnt in dieser Tabelle ganz rechts, und was überhaupt nicht dringlich ist, wohnt links. In der senkrechten Achse finden wir die Wichtigkeit, unten ist es weniger wichtig, oben sehr wichtig. Oben rechts befindet sich also »dringend und wichtig«. Oben links haben wir: »Es ist wichtig, aber *noch* nicht dringend.« Unten links haben wir etwas, was weder dringend noch wichtig ist, und unten rechts etwas, das »dringend, aber nicht wirklich wichtig« ist. Diesen einzelnen Feldern können Sie Ihre Aufgaben jetzt zuordnen, gedanklich oder tatsächlich schriftlich als Skizze, wenn es Ihnen leichter fällt oder vor allem wenn Sie es mit Ihren Mitarbeitenden teilen wollen. Denn wenn ich als Mitarbeiterin weiß, wo Sie Ihre Prioritäten legen oder hingelegt bekommen, und dann noch verstehe, warum, dann kann ich meine Prioritäten so sortieren, dass das Gesamtbild stimmt. Auf diese Weise können Sie mit Ihren Mitarbeitenden tatsächlich darüber in den Austausch gehen: Was siehst du für deinen Job in welchem Feld?

Für jedes Feld gibt es eine Empfehlung, was Sie mit den Aufgaben, die darin stehen, machen sollten. Für oben rechts, also »dringend *und* wichtig«, gilt es, das Thema sofort zu bearbeiten und nicht weiter liegen zu lassen. Sie müssen sich darauf verlassen können, dass die Dinge, die dann wirklich schon brennen und wichtig sind, auch wirklich sofort bearbeitet werden. Das heißt, alles, was ich in dieses Kästchen reinschiebe, sollte da wirklich hingehören. Und dann muss ich mich verpflichten, es selbst oder über Delegation eben wirklich zu bearbeiten, wenn es dran ist. Sonst fliegt es mir meistens um die Ohren und da es wichtig ist, hängt auch meist etwas dran.

Oben links finden Sie die Themen, die »wichtig, aber (noch) nicht dringend« sind. Da lautet die Empfehlung: terminieren und dann bearbeiten, wenn sie dran sind. Das heißt, etwas, das richtig wichtig ist, wird irgendwann ja auch dringend. Aber dieses »irgendwann« ist genau die zeitliche Luft, die Sie noch haben, um es zu terminieren. Wann ist das *wirklich* dran? Wann ist es *wirklich* dringend? Da klaffen unsere innere Wahrnehmung und die tatsächliche Dringlichkeit oft auseinander.

Für diesen Fall hilft dann eine Leitfrage, insbesondere wenn Sie Arbeit von anderen bekommen oder Aufträge für andere bearbeiten, nämlich die Frage: »Bis wann brauchst du das spätestens?« Dieses »spätestens« ist je nach unserem inneren Antreiber oft deutlich später, als wir selber denken würden. Und wenn der andere dann sagt: »Hm, spätestens brauche ich es in drei Wochen, denn da habe ich Aufsichtsratssitzung und dafür müssen diese Daten mit eingebaut werden«, dann weiß ich, drei Wochen minus eine Woche ist mein Terminierungstag, an dem ich das dann wirklich angehe, damit wir noch eine interne Abstimmungsschleife hinkriegen können.

Diese Frage »Bis wann brauchen Sie es spätestens?« lohnt sich zu stellen, weil die anderen uns fast immer mehr Luft geben, als wir uns selbst geben würden. Auch diese Frage würde ich empfehlen, Mitarbeitenden mit in den Werkzeugkoffer zu legen, denn auch untereinander werden Anliegen häufig so dringlich vorgetragen, dass man denkt, es brennt bereits, besonders wenn die Aufgaben aus einer deutlich höheren Hierarchiestufe angetragen werden. Und auch in diesen Fällen haben wir oft mehr Zeit, als wir zunächst denken.

> Diese Frage »Bis wann brauchen Sie es spätestens?« lohnt sich zu stellen, weil die anderen uns fast immer mehr Luft geben, als wir uns selbst geben würden.

Kommen wir zu dem Kästchen unten rechts – etwas ist »dringend, aber nicht wichtig«. Da gilt es, die Aufgabe zu delegieren. Das muss jetzt erledigt werden, ist aber nicht so wichtig, dass Sie selbst unbedingt Hand anlegen müssten. Alternativ können Sie sich für diese Rubrik einen kurzfristigen Zeitblock reservieren und diese Dinge, die dringend sind, aber nicht wichtig, dann im Stück wegarbeiten, am besten wirklich gebündelt. Wenn es also eine Reihe von E-Mails sind oder drei Statistiken, die termingerecht ausgefüllt werden, oder sieben Anrufe, die gemacht werden müssen, die jetzt echt dringend sind, aber nicht wirklich wichtig, dann bündeln Sie das wegen der Effizienz, weil dann die Rüstzeiten wegfallen, wie im Kapitel 23 zum Zeitmanagement noch erläutert wird. Wenn ich erst eine Mail schreibe, danach eine Statistik erstelle und anschließend einen Anruf tätige, habe ich zwar Abwechslung, aber ich bin nicht so im Erledigungsmodus. Das Bündeln oder Delegieren wäre für dieses Feld eine geeignete Methode.

Dann schauen wir auf das Feld unten links – etwas ist »weder dringend noch wichtig«. Da lautet die Empfehlung: Sein lassen und ab in die Tonne damit – oder, wenn Ihnen das zu radikal ist, Wiedervorlage in einem gewissen Zeitraum, ob es dann wichtiger oder dringlicher wird, was meistens nicht der Fall ist. Sehr interessant ist, dass in diesem Feld der Schweinehund lauert, der uns solche Dinge so gerne erledigen lässt, weil die anderen Aufgaben, die wir eigentlich machen müssten, vielleicht viel zu komplex sind, uns nicht liegen, uns zu viel Energie kosten und sich alles in uns dagegen sträubt. Und dann ist es doch sehr angenehm, wenn man so ein Päckchen hat, wo man was wegschafft. Wenn man sich aber später ehrlich fragt, war das weder wichtig noch dringend. Nun könnte man sagen, dass es aber irgendwann auch hätte gemacht werden müssen. Okay, aber aus der Rubrik »Irgendwann müsste ich das auch mal machen« haben wir alle eine richtig lange To-do-Liste, sowohl privat als auch im Job. Viele von diesen Dingen, das wissen wir ja schon aus Erfahrung, erledigen wir gar nicht. Und es passiert überhaupt nichts. Das sind aber die Dinge, mit denen wir uns gerne beschäftigen, wenn das andere zu groß für uns ist oder zu anstrengend. Das dann sein zu lassen, ist etwas, wo wir innerlich ganz schön mit uns ringen müssen und eine Menge Selbstdisziplin brauchen.

Dieses Portfolio, diese Matrix ist für uns selbst eine Sortierungshilfe. Wir können hiermit unsere Aufgaben wunderbar strukturieren und uns immer wieder eine Ordnung schaffen. Es hilft uns, das Chaos im Kopf zu sortieren. Denn wenn wir unter Stress sind, dann verdichtet sich bekanntlich unsere Wahrnehmung so sehr, dass wir denken, alles ist irre wichtig und alles ist ganz dringend. Und wir kommen aus einem ganzen Tag voller Videokonferenzen zurück an den Schreibtisch, sehen achtzig Mails und tausend Anfragen und denken als erste Reaktion unter Vollstrom: »Alles ist richtig wichtig und muss sofort erledigt werden« – und die Welle schwappt über unserem Kopf zusammen.

Wenn Sie solche Überforderungswellen kennen, dann hilft übrigens tatsächlich, sich in dem Moment, wo das Gefühl mit Blick auf Ihre Arbeit einsetzt, körperlich im Wortsinne von der Arbeit wegzudrehen, sie nicht anzusehen und mehrmals tief ein- und auszuatmen, sich dabei hinzustellen, sich gut zu erden und Kraft zu sammeln und dann nach fünf Atemzügen, wenn der Alarmzustand sich gelegt hat, noch einmal draufzugucken.

Ein wirklich interessantes Phänomen: In dem Moment, wo wir uns etwas entspannt haben, ist auch die Sortierung wieder möglich und unser Gehirn hat wieder Zugang zu unseren Fähigkeiten. In einem Super-Stress-Modus, wo es nur ums Überleben geht und irgendwie die Bälle alle so in der Luft gehalten werden müssen, da sehen wir alles als gleich wichtig an. Um also ein Ranking herstellen zu können, brauchen wir erst einmal einen klaren Kopf. Das heißt, Sie könnten die Sortierung in die Eisenhower-Matrix auch gut morgens zu Beginn eines Tages machen oder abends, wenn Ruhe einkehrt, für den nächsten Tag oder die nächste Woche.

Wenn wir erst mal festgestellt haben, was wirklich wichtig und dringend ist, dann reduziert sich die To-do-Liste für den einzelnen Tag deutlich.

Teilen Sie diese Erkenntnisse mit Ihrem Team, ermuntern Sie es, sich selbst damit zu helfen. Und nutzen Sie es auch gern im Einzelkontakt mit Mitarbeitenden. »Beate, was ist für dich jetzt wirklich dringend und wichtig? Erzähl mal, wie nimmst du deinen Job wahr? Was hast du da in deiner Matrix stehen?« Das hilft Ihnen beim Thema Loslassen. Wenn ich weiß, die Mitarbeitenden haben da genau die richtigen Punkte stehen, und ich sage: »Ganz genauso würde ich es für dich auch definieren«, dann habe ich ein gutes Gefühl, weil alle mit derselben Brille auf die Jobs gucken, nichts verloren geht und ich nicht fürchten muss: »Um Gottes willen, die arbeiten völlig am Thema vorbei!« Und das erkenne ich womöglich erst drei Tage vor Abgabe und dann brennt die Hütte.

Dem Team wiederum und jeder einzelnen Mitarbeiterin, jedem Mitarbeiter hilft es, mit Ihnen darüber zu sprechen, weil sie dann auch erkennen, dass sie an den richtigen Themen arbeiten, das richtige Ranking haben, alles glattgehen wird, nichts Wichtiges übersehen wurde und so weiter. Das wiederum zahlt direkt ein in das Thema der gesunden Führung, das wir in Kapitel 9 gesehen haben. Es verhindert Überforderung und gibt einen klaren Rahmen von Erwartungen. Beides ist gesund – und wir zeigen nebenbei auch noch Interesse für die Arbeit unseres Gegenübers, was direkt der Wertschätzung zuzuschreiben ist.

Zweites Tool: Kontrollfrage: Was muss heute unbedingt erledigt werden?

Was Ihnen neben der Dringlichkeitsmatrix sehr gut helfen kann und in den Werkzeugkoffer gehört, ist eine Frage aus dem Zeitmanagement, die auch bei der Sortierung von Aufgaben helfen kann. Sie dockt indirekt an die Matrix an und lautet: »Was muss heute erledigt werden, komme, was wolle?« Was muss wirklich heute, egal was passiert und wie der Tag wird, durch die Tür? Sie werden sehen, wenn Sie diese Frage an Ihre eigene Arbeit wie eine Schablone anlegen, dass es am Ende immer deutlich weniger ist, als Sie annehmen. Vielleicht ist es immer noch zu viel, aber schon deutlich weniger. Was *muss* heute, egal was kommt?

Sobald Sie diese Dinge identifiziert haben – es sollten diejenigen sein, die in der Eisenhower-Matrix rechts oben stehen –, empfiehlt es sich, diese Themen tatsächlich zum Tagesstart zu erledigen. Das heißt für die Terminierung im eigenen Kalender: Legen Sie ein Zeitfenster zum Tagesstart fest, in dem Sie sich um diese Dinge, die heute *wirklich* müssen, kümmern können. Dann haben Sie die schon mal vom Tisch und auch von den Schultern und können sich dann um den Rest kümmern. Wenn danach der ganze Tag verbucht ist, okay, dann ist es so. Aber Sie haben wenigstens Ihre drei wichtigsten Sachen durch die Tür gekriegt. Planen Sie gern Ihren Kalender entsprechend um und entlasten Sie sich, indem Sie Ihre Themen priorisieren. *First things first.* Danach ist dann Zeit für andere Menschen, deren Fragen und Anliegen und für Meetings.

Auch diese Hilfsfrage würde ich an die Teams weitergeben, denn natürlich hilft sie jedem. Was steht an? Was *muss* bei dir heute unbedingt, komme, was wolle? Was kommt als Nächstes? Wo braucht Ihr Hilfe? Das entspricht Techniken aus dem agilen Arbeiten, während der Daily-Stand-ups, zu denen man täglich morgens zusammenkommt und einmal in Austausch dazu geht. Die zentrale Leitfrage ist tatsächlich: Was muss heute erledigt werden, komme, was wolle? Sie werden feststellen: Wenn Sie das ganz konsequent für sich trainieren, ist es viel weniger, als es sich erst einmal für Sie anfühlt. Innerlich haben wir oft viel mehr Alarm, als die Themen wirklich hergeben. Auch das hat dann wieder mit inneren Antreibern zu tun. Wie gut sind wir darin, fünfe gerade sein zu lassen? Wie eilig sind wir? Wie schnell, denken wir, müssen die Dinge alle gemacht werden? Zu den inneren Antreibern finden Sie Hilfreiches im ersten Kapitel.

Kapitel 22

Selbststeuerung und Kompetenz im Home-Office – 13 Punkte, um gut für sich zu sorgen

Dieses Kapitel betrachtet zwei Perspektiven: Zum einen geht es um Sie selbst im Home-Office, und zum anderen geht es um Sie als Führungskraft von Mitarbeitenden, die im Home-Office arbeiten.

Im Folgenden habe ich 13 Punkte zusammengestellt, die ganz unterschiedliche Themen berühren und kompakt zusammenfassen, was Psychologen und Arbeitswissenschaftler inzwischen darüber herausgefunden haben, was das Home-Office zu einem Arbeitsplatz macht, an dem man produktiv ist und sich gleichzeitig wohlfühlt. Checken Sie also die folgenden Punkte gerne für sich selbst und gleichzeitig mit einem schielenden Auge bezogen auf Ihre Teams.

1. Selbststeuerung

Der erste Punkt beginnt mit den Fähigkeiten, die man zur Selbststeuerung benötigt, wenn man im Home-Office tätig ist. Natürlich sitzt auch sonst im Büro nicht ständig jemand neben einem und sagt einem, was man wann tun muss. Aber allein der äußere Rahmen in einem Bürokontext sorgt schon dafür, dass man eine bestimmte Routine hat. Das heißt, all diese Dinge, die sich sonst durch diesen Rahmen ergeben, müssen Sie sich im Grunde selbst bauen. Und deswegen ist die Fähigkeit zur Selbststeuerung eine Voraussetzung. Es geht also um Struktur und Organisation. Prüfen Sie für sich selbst und Ihre Mitarbeitenden: Bin ich in der Lage, meinem Tag, meinen Tätigkeiten eine Struktur zu geben? Oder neige ich dazu, alles gleichzeitig in der Luft zu halten und dadurch leider alles nur halb zu erledigen? Bin ich jemand, der fokussieren kann? Kann ich mich gut konzentrieren, die Umwelt ausblenden? Und bin ich in der Lage, die Dinge, die ich auf dem Tisch habe, auch zu Ende zu denken? Oder lasse ich mich leicht ablenken? Wie lange kann ich mich auf bestimmte Punkte konzentrieren? Halte ich wirklich den Blick auf das Dokument, mit dem ich gerade arbeite? Oder habe ich die Augen und Ohren sonst wohin gerichtet: auf den blinkenden Briefumschlag aus Outlook oder das brummende Smartphone, die Nachbargeräusche aus dem Haus, die Kinder im Nebenraum, den Zeitplan, den es in Sachen Kinderabholung, Essenszubereitung und so weiter einzuhalten gilt?

> **„** Natürlich sitzt auch sonst im Büro nicht ständig jemand neben einem und sagt einem, was man wann tun muss. Aber allein der äußere Rahmen in einem Bürokontext sorgt schon dafür, dass man eine bestimmte Routine hat.

Wissenschaftler haben herausgefunden, dass uns Routine für die Konzentration hilft. Mir ist bewusst, dass einige Menschen bei dem Wort Routine schon Pickel bekommen. Aber tatsächlich ist eine gewisse Routine, ein Ablauf, den man sonst vielleicht auch hätte, hilfreich. Da gibt es manche, die gehen morgens vor der Arbeit eine Runde um den Block und haben das Gefühl, dass sie zur Arbeit gehen würden. Andere halten sich jeden Morgen genau an dieselbe Reihenfolge: Erst den Espresso machen, dann den Rechner hochfahren, dann die Mails checken, dann mit irgendetwas von der Aufgabenliste anfangen. Also eine Routine, die auch dem Körper und dem eigenen Gehirn sagt: Wir gehen jetzt zur Arbeit und starten so, wie wir immer starten.

2. Arbeitsplatzgestaltung

Ich bin häufig erschrocken, wenn ich Experten in den Medien sehe, die an ihren Laptops Statements von sich geben. Man sieht dann, wie und wo die arbeiten. Hintergründe, Laptopeinstellungen, Lichtverhältnisse, Ordnung im Raum und Hintergrund des Bildes. Die Frage des eigentlichen Arbeitsplatzes ist etwas, das Sie für sich und Ihre Mitarbeitenden prüfen sollten. Das fängt damit an, ob es einen Ort gibt, von dem Sie selbst sagen, das ist mein Arbeitsplatz, hier arbeite ich. Idealerweise sollte er rückenfreundlich sein. Auch das ist erschreckend, wie viele auf dem Sofa sitzen oder auf weichen Sesseln oder Küchenstühlen und dann nur mit dem Laptop ohne zusätzlichen Monitor arbeiten und die ganze Zeit den Nacken ganz lang nach vorne gebeugt haben. Der arme Nacken muss dann den schweren Kopf tragen, der ein paar Kilo wiegt, und das ist eine enorme Muskelanspannung, die Sie sofort im Schulter-Nacken-Bereich merken werden.

Ist die Abgrenzung zur Familie an diesem Arbeitsplatz möglich und damit die Konzentration auf die Arbeit? Sitzt man mitten in der offenen Wohnküche am Tisch, an dem auch die Kinder die Hausaufgaben machen und zwischendurch die Mahlzeiten eingenommen werden? Wie ist es in dieser Situation um den Datenschutz bestellt? Wer kann alles auf den Rechner schauen, wer hört Ihre Videokonferenzen mit oder kann gar auf den Bildschirm schauen und ungesehener Beobachter sein? Nicht auszudenken, wenn Sie Vertrauliches bearbeiten, die Buchhaltung oder gar die Lohnbuchhaltung, die Preise für Produkte kalkulieren, Strategiepapiere für die Zukunft auf dem Rechner haben oder Mitarbeiterbeurteilungen vorbereiten. Gibt es eine Alternative zum Esstisch, wenn Sie nicht Single sind? Können Sie einen Arbeitsplatz irgendwo schaffen, und sei er noch so klein? Es gibt zum Beispiel so praktische Medienschränke, die ausziehbare Schubladen haben und die man auch ganz schließen kann. Sie brauchen einen Platz, von dem Sie wissen: Hier »wohnt« meine Arbeit. Das hilft auch Ihrem inneren System zu erkennen, wann es innerlich auf das Programm Produktivität, Effizienz und Qualität umschalten muss.

3. Kleidung

Ebenso unterstützend ist die Kleidung. Darüber wird auch heiß diskutiert. Im Home-Office sieht mich ja keiner. Dann kann ich ja im Jogger oder noch im Schlafanzug an den Rechner tapsen und morgens erst einmal ein paar Mails bearbeiten. Oder vielleicht schon mal an meinem Strategiepapier wurschteln. Aus der Call-Center-Forschung gibt es ganz viele Erkenntnisse darüber, was Kleidung in Bezug auf Haltung, Auftritt, Außenwirkung bewirkt. Business-Kleidung erleichtert uns selbst und unserem eigenen Gehirn die Erkenntnis, dass wir jetzt im Jobmodus sind. In dem Moment, wo Sie sich ein Hemd oder eine Bluse anziehen, auch »unten rum« angemessen gekleidet sind, Schmuck anlegen, sich die Haare kämmen und rasieren, wie sonst auch, wenn Sie zur Arbeit gehen, dann wird Ihrem inneren System klar: Wir sitzen hier gerade nicht einfach gemütlich im Jogger und machen irgendwas am Rechner, sondern wir sind im Job.

Immer wenn Sie die Kontrollfrage verneinen, ob Sie so auch ins Büro gehen würden, gibt es Luft nach oben.

Diese Kleidungsfrage wurde spätestens seit Beginn der Pandemie, in der so viele Videocalls für alle auf dem Plan standen, unumgänglich. Für mich persönlich geht es gar nicht, dass man nachmittags um vier im professionellen Videocall aussieht wie frisch aus dem Bett gefallen, unrasiert und in einem ausgeblichenen AC/DC-T-Shirt seine tollen strategischen Überlegungen von sich gibt. Das hat auch mit Respekt gegenüber Ihren Gesprächspartnern zu tun. Immer wenn Sie die Kontrollfrage verneinen, ob Sie so auch ins Büro gehen würden, gibt es Luft nach oben. Kleidung prägt den Gehalt Ihrer Aussage, und Sie werden deutlich ernster genommen, wenn Sie das Ganze im Businesslook machen und eben nicht im Sweatshirt mit irgendeinem verwaschenen Aufdruck, das auch schon bessere Zeiten gesehen hat. Automatisch ist diese Verpackung ein Rückenwind für Ihre Ideen und Beiträge – oder eben auch eine Bremse. Im Businesslook werden Sie automatisch ernster genommen.

Betrachten Sie einmal Ihre Kollegen und Kolleginnen, die Sie im Video treffen. Wer Karriere machen will und weiterkommen möchte, der beherzigt das alles. Den Unterschied kann man gut erkennen: perfekt ausgeleuchtet, perfekt angezogen, perfekt frisiert und immer auf den Punkt. Und diese Bilder bleiben hängen. Genauso wie das umgekehrte Beispiel mit verwackeltem Morgenlook und unrasiert eben auch hängen bleibt. Dreitagebart steht nicht jedem. Flauschpullis mit extra langen Ärmeln und rutschenden Ausschnitten unterstreichen keine toughen Businessaussagen. Schauen Sie sich selbst einfach einmal im Video an und vergleichen sich mit ein paar Kolleginnen und Kollegen. Prüfen Sie für sich, ob dies das Image ist, mit dem Sie auch in den Köpfen Ihrer Gesprächspartner verankert werden wollen. Dieses Bild von Ihnen wird auch nach Rückkehr in die Büros weiterleben.

4. Arbeitszeit

Damit dieses fortschreitende Ineinanderfließen von Freizeit, Privatleben, Arbeitszeit nicht zum Stresspunkt für Sie wird, hat es sich bewährt, Arbeitszeiten für sich festzulegen und wirklich klar zu definieren: Dies ist der Anfang meiner Arbeitszeit, und sie endet dann und dann. Es hilft Ihnen, diesen Schlusspunkt am Tag für sich zu markieren, also tatsächlich zu realisieren, jetzt ist Feierabend und ab jetzt habe ich frei, den Rechner wirklich runterzufahren, das berufliche Smartphone vielleicht wirklich auszuschalten, die Unterlagen wegzulegen oder in ein Körbchen zu verfrachten oder mit irgendetwas zuzudecken, wenn Sie mitten im Wohnbereich arbeiten. Mit dieser Regelung und den daran geknüpften Ritualen verdeutlichen Sie sich, dass jetzt wirklich Arbeitsende ist. Dafür gibt es unterschiedlichste Routinen oder Rituale, auf die ich noch einmal genauer zu sprechen komme.

Und ganz wichtig: Sowohl für Sie selbst als auch für Ihre Mitarbeitenden gilt das Arbeitszeitgesetz, immer noch unverändert, auch im Home-Office. Das Gesetz ist leider an unsere völlig veränderte Arbeitswelt seit Jahrzehnten nicht angepasst worden. Das heißt, Sie dürfen maximal zehn Stunden pro Tag arbeiten (sonst brauchen Sie eine Ausnahmegenehmigung) und müssen dann elf Stunden Ruhezeit zwischen Arbeitsende und Arbeitsbeginn am nächsten Tag einhalten. Und Arbeiten am Sonn- und Feiertag sowie nachts ist ohne vorherigen Antrag des Arbeitgebers außer im geregelten Schichtdienst nicht erlaubt. Wenn Sie den vollen Schutz der Berufsgenossenschaft genießen wollen, falls Ihnen mal etwas passiert, ist das Arbeitszeitgesetz eine heilige Kuh.

Und für Ihren Arbeitgeber ist es wichtig, sich daran zu halten, weil er sonst erhebliche Schwierigkeiten mit Berufsgenossenschaft, Gewerbeaufsichtsamt und anderen Institutionen bekommen kann.

5. Pausen

In Kapitel 6 habe ich das Thema bereits ausführlich besprochen. Mir ist bewusst, wie schwer es ist, in diesen durchgetakteten Zeiten Pausen einzulegen. Aber insbesondere dann, wenn eine Videokonferenz auf die andere folgt, ohne Zeit dazwischen, sind Pausen ein wichtiges Gegengewicht, und seien es auch nur zehn Minuten. Pausen sind auch wichtig, damit Sie mal das Fenster aufreißen und durchlüften oder sich bewegen. Was immer Sie tun können, um sich zwischendurch zu lockern, hilft, damit Sie beim nächsten Gespräch präsenter sind und sich wieder konzentrieren können und Kraft haben. Das Ziel sollte ja sein, so zu arbeiten, dass wir auch abends noch Energie für ein Leben haben.

Auch das Thema Essen gehört dazu. Und interessanterweise denken wir im Home-Office nicht automatisch darüber nach, dass wir ja irgendwas essen müssen. Die Kantine ist weit weg. Überlegen Sie sich vorher, zum Beginn der Woche oder für den Folgetag, was Sie eigentlich am nächsten Tag essen werden, damit Sie es gesünder hinbekommen, als sich nur durch den Kühlschrank und die Süßigkeitenschublade zu futtern. Dann sind Sie nie richtig satt und haben abends Hunger. Die eigene Versorgung mit Essen lässt sich bestimmt noch ein bisschen optimieren.

6. Feierabend

Feierabend bedeutet, wirklich eine Grenze zu ziehen und zu sagen: »Jetzt bin ich für private Themen da, jetzt habe ich Zeit für Kinder, Familie, Freunde, WhatsApp-Nachrichten und mich selbst. Jetzt habe ich Zeit, um einzukaufen oder zu putzen oder was sonst ich tun möchte.« Diesen Feierabend einzuläuten. heißt für Sie, dass Ihr ganzes System weiß: »Wir haben jetzt frei«, und sich mit diesem Signal entspannt. Verlassen Sie Ihren Rechner hingegen mit dem Gefühl, ich mache nachher irgendwann weiter, aber jetzt muss ich erst mal Kinder, Haushalt oder mich versorgen, dann weiß ein Teil Ihrer Zellen die ganze Zeit, dass es nachher weitergeht, und bleibt in dieser Grundspannung. Sie erhalten die Spannung praktisch aufrecht, um nachher wieder einzusteigen.

> Diesen Feierabend einzuläuten, heißt für Sie, dass Ihr ganzes System weiß: »Wir haben jetzt frei«, und sich mit diesem Signal entspannt.

Im Unterschied dazu hieße die Ansage an sich selbst »So, Feierabend!« für Ihr System, locker zu lassen. Jippie, wir haben jetzt frei! Probieren Sie es einmal aus, ob Sie den Unterschied wahrnehmen können. Auch hierfür können Sie sich ein Ritual ausdenken, ob Sie nur ein Tuch über den Arbeitsplatz breiten oder ob Sie eine Stellwand dazwischenschieben, je nach räumlicher Situation. Oder Sie haben den Luxus, einen Raum nur als Arbeitsplatz zu nutzen, zu dem Sie die Tür schließen, nachdem Sie den Rechner runtergefahren haben. Sie können Ihrem Laptop gute Nacht wünschen und ihm laut zurufen, dass Sie sich morgen wiedersehen. Sie können einmal die Runde um den Block gehen, mit einem Hund oder einem gedachten Hund, und sich sagen: So, jetzt gehe ich nach Hause. Sie können immer nach Feierabend einkaufen gehen für den nächsten Tag oder immer nach Feierabend eine Planungsliste für den nächsten Tag erstellen. Sie können immer eine heiße Dusche nehmen oder eine Runde Sport einlegen oder ein lustiges Video gucken. Es ist unwichtig, was genau Ihr Ritual ist, wichtig ist, dass Sie eines haben, denn dieses Ritual hilft dem Körper und dem Geist, sich schneller auf den Feierabendmodus umzustellen. Probieren Sie aus, was zu Ihnen passt.

7. Tägliche Routine

Den Tagesanfang und das Tagesende haben wir bereits beschrieben. Jetzt geht es um den gesamten Tag: Welche Bausteine hat Ihr typischer Arbeitstag? Wann machen Sie was und wie ist der Rhythmus? Wann übernimmt Ihr Partner die Kinder, wann Sie? Wann und wo denken Sie nach? Vielleicht machen Sie das lieber draußen, wenn die Wohnung voller Menschen ist, vielleicht gehen Sie immer zum Denken in einen externen Workspace oder aufs Laufband. Wann telefonieren Sie Ihre Liste ab? Welchen Rhythmus könnten Sie sich suchen, der zu Ihnen und zu Ihren Aufgaben passt? Je mehr Routine Sie haben, umso klarer ist der Rahmen gesetzt und umso besser finden Sie sich in diesem Rhythmus auch zurecht und haben es dann leichter, eine Abgrenzung zum Privatleben zu ziehen.

8. Ordnung

Hier geht es um die Ordnung auf dem Schreibtisch. Wenn Sie manchmal an Tagen, an denen Sie denken: »Ich drehe gleich durch«, auf Ihren Schreibtisch schauen und auf Ihren Rechner, dann sieht das meistens entsprechend aus. Ganz interessant. Wir wissen aus der Hirnforschung: In dem Moment, wo wir äußere Ordnung schaffen, sortiert sich das Innen parallel mit. Das heißt, wenn Sie es wirklich schaffen, einmal nicht alle Vorgänge des Tages sinnbildlich oder tatsächlich auf dem Tisch auszuschütten, sondern nacheinander immer nur einen Vorgang auf der Arbeitsfläche vorlegen oder nur ein Dokument öffnen, dann einen Vertrag gegenlesen und dann den nächsten und nicht parallel das Mail-Fenster auf dem anderen Bildschirm noch geöffnet haben, sondern wirklich Ordnung herstellen, dann löst das etwas in Ihrem Gehirn aus. Auch auf Ihrem Desktop und in dem Raum um Sie herum hilft Ordnung, sich innerlich zu sortieren. Zwischen einem vollen Wäscheständer, einem mit Lego belegten Fußboden, Post an einer Pinnwand, Vorräten auf der Arbeitsfläche in der Küche und ungeöffneten Briefumschlägen auf einem Haufen, sieben Paar Schuhen, die irgendwie durcheinanderfliegen, nach einem Parcours durch Unerledigtes seinen Arbeitsplatz aufzuschlagen und das alles aus dem Augenwinkel mit zu erfassen, würde dafür sorgen, dass Sie viel weniger Kraft haben, sich zu fokussieren, als wenn das alles aufgeräumt wäre. Tatsächlich Ordnung herzustellen, kann übrigens manchmal auch ein Rezept sein. Wenn ich gerade in Panik gerate und denke, mir ist alles zu viel, ich weiß überhaupt nicht, wo ich anfangen soll, dann ist Aufräumen oft eine Strategie, die hilft, weil sie gleichzeitig im Kopf aufräumt und einen wieder frischer an die Arbeit herangehen lässt.

9. Ablenkungen vermeiden

Ablenkung vermeiden Sie schon, indem Sie zum Beispiel Ihr privates Handy ausschalten. Das klingt vielleicht undenkbar für Sie, je nachdem, wie Sie zu Ihrem privaten Handy stehen. Wann immer ich mich wirklich konzentrieren muss, ist das Ding im Flugmodus. Ich will es gar nicht brummen hören oder blinken sehen, weil ich weiß, ich kann dem nicht widerstehen. Dann gucke ich rein. Und wenn ich erst mal eine WhatsApp-Nachricht lese, lese ich die anderen auch gleich mit, und dann antworte ich noch und dann bin ich wieder woanders. Wenn es wirklich darauf ankommt, sich zu fokussieren, ist das Abschalten eine super Idee. Und das gilt auch für diese auf dem Desktop auftauchenden Briefumschläge oder Männchen oder wie immer Ihr System Ihnen zeigt, dass Sie neue Mails haben. Schalten Sie die Benachrichtigungsfunktion aus, oder schließen Sie sogar das Outlook, wenn Sie etwas konzentriert zu Ende bringen wollen. Sie entgehen damit auch dem Druck, immer zu sehen, dass andere noch auf Ihre Antwort warten. Das stresst und sorgt dafür, dass Sie eine Menge Energie verbrauchen. Sie können sich auch angewöhnen, alle 90 Minuten eine kleine Pause zu machen, während der Sie sich eh bewegen und noch mal Wasser trinken und dann vielleicht Ihre privaten Nachrichten checken. Das sind dann jedes Mal vielleicht fünf Minuten Pause, und dann fangen Sie erfrischt wieder neu an. Auch das wäre eine Routine.

10. Priorisieren

Hier geht es darum, sich zu verdeutlichen: Was ist meine Aufgabe für heute? Was muss heute unbedingt erledigt werden, komme was wolle? Das sind meistens nur wenige Dinge. Der Rest lässt sich schieben und wird dann an einem anderen Tag zu etwas, das sofort erledigt werden muss, weil es jetzt dran ist. Zur Priorisierung finden Sie in Kapitel 21 mehr. Ein Klassiker aus dem Zeitmanagement lautet: »First things first!« Das bedeutet, die wichtigen Dinge gleich morgens als Erstes zu erledigen, denn dann kann kommen, was will, und Sie können sich entspannen und sagen: »Die Topthemen sind vom Tisch, jetzt kann die Welle mich mit sich nehmen.«

11. Erwartungen managen

Zur Priorisierung gehört auch das Erwartungsmanagement, und zwar in verschiedene Richtungen. Die eine Richtung ist Ihre Führungskraft, die zweite Richtung wäre von Ihnen zu Ihren Mitarbeitenden. Da stellen sich die gleichen Fragen in umgekehrter Hierarchie: Was erwartet Ihre Führungskraft von Ihnen in Sachen Erreichbarkeit, in Sachen Priorisierung in Sachen On- und Off-Zeiten? Ist es für Ihre Führungskraft okay, dass Sie nicht sofort ans Telefon gehen, wenn sie anruft? Oder haben Sie eine Führungskraft, die unbedingt darauf besteht, jederzeit sofort zu Ihnen durchzukommen? Ist es okay, dass Sie abends zu einer bestimmten Uhrzeit abschalten? Was ist ihre Erwartung, wenn sie nachts Mails schreibt oder am Wochenende arbeitet? Ist es für Ihre Führungskraft klar, dass Sie das nicht tun müssen? Oder ist es die Erwartung, dass Sie es unbedingt tun? Einer meiner Klienten hat einen Geschäftsführer, der Erreichbarkeit rund um die Uhr erwartet, von 5 Uhr am Morgen bis zum späten Abend und am Wochenende. Und dazu noch sagt: »Na ja, so schlimm ist es ja nicht, es kann Sie ja nur einer anrufen, für eine Person (mich) werden Sie doch wohl Ihr Privates unterbrechen können.« Es gibt immer noch die ganze Bandbreite von Führungskräften im Topmanagement.

Klären Sie das miteinander, und warten Sie nicht, dass Ihre Führungskraft den ersten Aufschlag macht, das passiert leider viel zu selten. Klären Sie auch, wenn Sie tagsüber Kinder betreuen müssen und wie dann Ihr Ablauf ist, zu welchen Zeiten Sie nicht zu erreichen sind und wie Sie das kompensieren. Nicht alle Führungskräfte können sich in Ihre Lage hineinversetzen, wenn Sie Familie und Job zu Hause managen. Die mediale Darstellung ist auch irreführend. Frauen in Home-Office werden oft dargestellt mit Kleinkindern auf dem Arm und staubsaugend, mit Headset und eine Telefonkonferenz managend. Alles gleichzeitig. Und Männer im Home-Office werden meist abgebildet mit hinter dem Kopf verschränkten Armen und in cooler Denkerpose am stylishen Laptop, über die Probleme der Welt nachsinnend. Das prägt die Bilder, sodass wir wirklich aufpassen müssen, in welche Schublade wir geraten. Ich empfehle dringend, für sich und seine Interessen einzustehen und selbst für sein Image zu sorgen, wo immer es nötig ist.

12. Emotionen

Fragen Sie sich: Wie geht es mir eigentlich im Home-Office emotional? Wie komme ich zurecht? Was fehlt mir? Bin ich einsam? Bin ich unruhig? Kann ich mich gar nicht konzentrieren? Bin ich abgelenkt, fehlt mir die Abgrenzung, fehlt mir die Ruhe, fehlt mir die Bestätigung? Wovon würde ich mir mehr und wovon weniger wünschen? Das sind wichtige Fragen, die Sie sich regelmäßig stellen können, und dann entsprechend an diesen Schrauben drehen, damit es Ihnen besser geht. Diese Fragen eignen sich natürlich nicht nur für uns selbst zur Selbstreflexion, sondern auch dafür, sie mit unseren Mitarbeitenden zu besprechen.

13. Belohnungen

Feiern Sie sich eigentlich manchmal selber? Belohnen Sie sich für Geleistetes, und belohnen Sie sich für Ihre Tapferkeit, fürs Durchhalten? Schenken Sie sich irgendwas, tun Sie sich was Gutes. All das scheint auch für die eigene Motivation und Leistungsfähigkeit einen Beitrag zu leisten. Und auch das gilt natürlich insbesondere, wenn Sie eine Führungskraft haben, die mit Wertschätzung nicht um sich schmeißt, denn dann muss Ihnen jemand anderes die Wertschätzung geben, Sie als Mensch sehen und Ihre Leistung anerkennen. Und das sind im Zweifel Sie selbst.

> Wenn Sie eine Führungskraft haben, die mit Wertschätzung nicht um sich schmeißt, dann muss Ihnen jemand anderes die Wertschätzung geben, Sie als Mensch sehen und Ihre Leistung anerkennen.

Es lohnt sich, diese Themen im Sinne einer Checkliste regelmäßig für sich zu überprüfen, denn das Home-Office wird aus unserer Arbeitswelt auch nach Corona nie wieder wegzudenken sein. Falls wir anfangs dachten, es sei eine Überbrückungszeit und die sei ausreichend mit einem Provisorium abgedeckt, haben wir inzwischen erkannt, dass das Provisorium nicht auf Dauer angelegt war.

Kapitel 23

Selbstmarketing – sieben Strategien, die Sie und Ihr Wirken sichtbar machen

Kennen Sie auch Kolleginnen und Kollegen, die auf die schlichte Frage »Na, wie läuft's?« zum Beispiel in der Kantine, am Telefon oder zu Beginn eines Meetings, mit ganzen »Weltrettungsgeschichten« antworten? Vielleicht antworten sie wörtlich und völlig ironiefrei: »Ich drehe gerade ein richtig großes Rad.« Das ist Selbstmarketing. Wie sind Sie dazu aufgestellt? Antworten Sie auf die Frage vielleicht eher mit: »Ach, muss ja, alles okay so weit.« Dann ist dieses Kapitel für Sie, denn bei Ihnen ist in Sachen Selbstmarketing noch Luft nach oben.

Image, Marke, Impression-Management – darum soll es jetzt gehen. Eines vorab für alle, die Selbstmarketing gegenüber kritisch sind und lieber auf gute Leistung setzen, um andere von sich zu überzeugen, und sagen: »Ich will nicht so ein Schaumschläger sein und auch nicht überall angeben. Und meistens ist ja gar nichts dahinter.« Das eine schließt das andere nicht aus. Gute Leistung kann man trotzdem zeigen. Oder wie ein weiser CEO vor vielen Jahren ermunternd zu mir sagte: »Tue Gutes und rede darüber.« Hier ist das Gute zu tun also vorher eingeschlossen. Und natürlich grenzen wir uns gedanklich jetzt von all denen ab, die wirklich nur gut im Schaumschlagen sind und wo nichts dahinter ist. Wobei Schaumschlagen im Sinne von Selbstmarketing eben eine Kunst ist. Diese neben anderen Fähigkeiten auch zu beherrschen, ist tatsächlich die Voraussetzung für eine erfolgreiche Karriere, wenn Sie denn Lust darauf haben.

Ein Image von uns ist erst mal ein Bild, das andere von uns haben – und zwar jeder sein eigenes, individuelles. Es ist ein emotional besetztes Bild, hinter dem sich zum Beispiel Eigenschaften, Fähigkeiten, Erlebnisse mit Ihnen und Geschichten über Sie verbergen. Aus all diesen Puzzlestückchen setzt sich dann ein Bild zusammen. So ein Bild entsteht immer, egal ob wir es aktiv steuern oder nicht. Irgendein Bild entsteht immer, und Menschen können erst mal gar nicht anders, als uns irgendwie zu labeln, einzuordnen und in Schubladen zu stecken. Unser Gehirn ist grundsätzlich faul und versucht immer erst mal alles Unbekannte in eine Schublade zu legen und es mit dem zu messen, was es schon kennt. Wenn das so ist, dass Bilder sowieso entstehen und Images gebildet werden, ob wir wollen oder nicht, ist es umso wichtiger, dass Sie Ihr Image selbst gestalten und sich über Ihr Zielbild klar werden.

» Irgendein Bild entsteht immer, und Menschen können erst mal gar nicht anders, als uns irgendwie zu labeln, einzuordnen und in Schubladen zu stecken.

Das wäre der erste Schritt. Was ist denn eigentlich Ihr Zielbild? Dazu kommen wir gleich noch mal genauer.

Unterstützt wird ein Image zum Beispiel aktiv durch Statussymbole, etwa die besondere Uhr, ein besonderes Schmuckstück, der besondere Gürtel mit der besonderen Schnalle, eine bestimmte Aktentasche, eine Marke, die wir tragen, Kleidung, die wir tragen, Accessoires, die wir wählen oder weglassen. Prägend für eine Marke sind auch der eigene Auftritt – laut oder leise, besonders raumgreifend oder still. Das Namedropping, wen wir alles kennen. Der Urlaubsort, der vermeintlich richtige Urlaubsort. Auch die Fotos in Silberrahmen im Büro, die entweder Ihre wohlgeratene Familie zeigen oder Ihre sportlichen Höhepunkte festhalten, womöglich noch mit Pokal in der Hand. Oder Sie und Prominente beim Handshake, was immer Sie darstellen. Es wirkt. Deswegen wird es ja häufig dargestellt und nicht weggelassen.

Es wirkt jedoch so oder so, also auch das bewusste Tiefstapeln zum Beispiel. Wenn Sie also alte Cordhosen auftragen, keine Bilder im Büro haben, außer selbst gekritzelte Kunstwerke Ihrer Kinder oder abstrakte Kunst, die keiner kennt, oder Fotos von Ihrer alten Katze. Alles sendet eine Botschaft und trägt zu Ihrem Image bei. Selbst das komplett unterdimensionierte Büro, worüber wir bescheiden sagen: »Ja, aber das ist nicht wichtig, ich bin da einfach nur eingezogen.« Selbst das sagt etwas aus.

Die erste Frage ist also zunächst: Wer wollen Sie sein? Was ist das Ziel-Image, zu welchem Inner Circle möchten Sie im Unternehmen gehören? Was sind die Eigenschaften, mit denen Sie verknüpft werden möchten? Wenn Sie also eine Marke wären, wie wären Sie? Nicht umsonst gibt es gigantische Marketingbudgets, die sich darum kümmern, die Alleinstellungsmerkmale einer Marke herauszuarbeiten und eine Marke so lange zu polieren, bis sie Gold wert ist. Im wahrsten Sinne des Wortes.

Marken sind Geschichten, Marken sind Eigenschaften. Und bei Markenbildung spricht man unter anderem von einem Schlagwort, dem sogenannten USP, der Unique Selling Proposition, also Ihrem Alleinstellungsmerkmal. Wofür stehen Sie? Wie unterscheiden Sie sich von anderen? Was verbindet man mit Ihnen? Finden Sie das einfach selbst erst mal für sich heraus, indem Sie zum Beispiel auf Ihr Leben, Ihre Stärken schauen, Ihre Fähigkeiten und Erfolge. Wenn Sie es nicht mit sich allein im stillen Kämmerlein machen möchten, fragen Sie vielleicht Vertraute, welche Eigenschaften diese mit Ihnen verbinden würden, an welche Geschichten sie sich erinnern, welche Ihrer Taten und Aussprüche ihnen im Gedächtnis geblieben sind. Fragen Sie auch gern, wenn Sie eine Marke wären, wer Sie eigentlich wären und warum. Was man mit Ihnen verbindet. Wenn Sie das dann mit der Rolle kombinieren, die Sie heute haben oder für morgen anstreben, passt das zusammen? Sind Sie in der Rolle eines Vereinsvorsitzenden, eines Teamleiters, eines Bereichsleiters oder eines Unternehmers? Sind Sie ein Start-up-Gründer, der einen Kredit braucht? Das wären Rollen, in denen Sie gerade unterwegs sind. Und die Frage ist eben das Image, das wir von uns gebildet haben. Passt das zu dem, was wir tatsächlich widerspiegeln möchten? Bedient es die entsprechenden Vorurteile, die andere haben?

Dazu habe ich kürzlich einen Artikel über eine Studie gelesen, die untersucht hat, in welchem Look Start-up-Gründer beim Einholen eines Kredits oder beim Finden von Venture-Capital-Gebern erfolgreich sind, und zwar tatsächlich in der Jeans, denn das scheint der Look zu sein, den alle erwarten. »Das ist ein kreativer Start-up-Gründer, der muss so aussehen.« Käme er also im dunkelblauen Nadelstreifenanzug mit Doppelmanschetten und Manschettenknöpfen, wäre der Banker wahrscheinlich völlig irritiert. »Das kann ja kein moderner Gründer sein!«

Vorurteile existieren überall, und insofern gibt es natürlich auch Erwartungen an Rollen. Die Frage ist: Passen unsere Bilder, die wir erzeugen, dazu? Für alle, die jetzt damit hadern und sagen: »Ja, Mensch, aber ich will jetzt nicht nur an meiner Karriere arbeiten und mich polieren, ich will auch einfach überzeugen und einen guten Job machen. Und was die Leute denken, ist mir egal.« Für all diejenigen sei noch mal als weiteres Argument für Selbstmarketing angeführt: Ein Image bildet man oder nutzt man nicht nur für sich selbst, sondern auch fürs eigene Team. Denn eine positiv besetzte, erfolgreiche Führungskraft wirkt wie ein Magnet auf gute Leute, weil alle beim Star arbeiten wollen und nicht beim Loser. Alle wollen bei dem arbeiten, wo man dafür beneidet wird, bei ihm oder ihr zu arbeiten und im Team zu sein – und nicht bei jemandem, wo man bemitleidet wird: »Echt, du arbeitest bei der Meyer? Ich höre mich mal um, ob ich was finde bei uns. Wenn irgendwas frei wird, sag ich dir Bescheid.« Das zum Beispiel ist auch der Nebeneffekt von einem positiven Image: Wir ziehen gute Leute magnetisch an.

Ein paar praktische Dinge, die Sie tun oder auch üben können, um sich in Ihrem Selbstmarketing zu optimieren, sind folgende sieben Punkte.

1. Strategie: Eine kurze Geschichte über sich selbst

Finden Sie eine Geschichte für sich, Ihre Rolle und Ihren gerade ausgefüllten Job. Diese Geschichte sollte so kurz sein, dass sie im sogenannten Elevator Pitch, also in einer Fahrstuhlsituation, wo Sie mit jemandem sprechen, überzeugend wäre. Sagen wir mal, Sie steigen im Erdgeschoss ein und im dritten Stock aus und mit Ihnen fährt der CEO Ihres Unternehmens, der Sie noch nicht kennt. Ihr Job ist es jetzt, diese zwanzig Sekunden zu nutzen, um mit drei, vier Sätzen ganz prägnant zu beschreiben: Wer bin ich? Wie heiße ich? Ihr Name ist schon eine Marke und die allerwenigsten sprechen ihren Namen so, dass ein anderer ihn versteht. Und damit fängt es schon an. Üben Sie bitte Ihren Namen und Vornamen so hintereinander auszusprechen, dass man erkennt, es ist Vorname und Nachname. Nur wenn man Ihren Namen genau verstanden hat, kann man ihn sich auch merken.

Darüber hinaus denken Sie sich zwei, drei, vier Sätze aus, je nach Sprechtempo, was genau Ihr Job ist, woran Sie gerade arbeiten und was Sie Spannendes machen. Ihr Ziel sollte dabei sein, so überzeugend und inspirierend zu sprechen, dass dieser CEO aus dem Fahrstuhl aussteigt, in sein Meeting geht und seinen Kollegen ganz begeistert erzählt, er habe da gerade eine Person getroffen, Müller heißt die, die hat das und das gemacht und arbeitet in der Abteilung XY. Und Müller habe auf ihn sehr überzeugend gewirkt. Sehr überzeugend.

Okay, könnte man meinen, ein Urteil nach 20 Sekunden, was soll das wert sein? Aber so werden Urteile gefällt – nach dem Gefühl, das jemand wie einen inneren Abdruck in uns hinterlässt.

» Okay, könnte man meinen, ein Urteil nach 20 Sekunden, was soll das wert sein? Aber so werden Urteile gefällt – nach dem Gefühl, das jemand wie einen inneren Abdruck in uns hinterlässt.

Deshalb sollte in diesen drei Sätzen auch Begeisterung mitschwingen und der Funke überspringen. Außerdem muss das Gesagte so gehaltvoll und konkret sein, dass der andere es wiedergeben kann. Also weg mit den Fremdworten, die vielleicht keiner versteht. »Ich arbeite gerade an der Programmierung des B17–31« sagt keinem etwas. Aber »Ich arbeite gerade an der Lösung für das und das konkrete Problem«, das wäre tatsächlich etwas, was man sich merken kann.

Diese Geschichten brauchen Sie auch für eine zweite Situation: beim klassischen Mittagessen in der Kantine. Die Kantine wird tatsächlich häufig unterschätzt als Selbstmarketing-Plattform. Man denkt: »Ja gut, da gehen wir essen und haben Pause.« Das ist ein Irrglaube. Diese Pause ist auch Selbstmarketing und wird von ganz vielen genutzt. Es gibt

Unternehmen, in denen sogar geschaut wird, wer mit wem Mittagessen geht und wie die Atmosphäre am Tisch ist, um daraus Urteile zu fällen oder Schlüsse zu ziehen. Auf jeden Fall ist die Kantine eine Bühne und immer ein Ort, wo man anderen Abteilungen begegnet, die einem dann die Frage stellen: »Und, wie ist es bei euch?« Da wäre dann ein Ansatz zu erzählen: »Wir arbeiten gerade an dem ganz spannenden Projekt XY. Ich bin mit meinem Team jetzt in der Endphase. Und wir kommen da zu einem ganz interessanten Schluss, nämlich dem und dem.« Oder: »Wir retten gerade die Welt in der und der Hinsicht«, »Wir haben gerade neue Kunden an Land gezogen«, »Wir verhandeln gerade eine Betriebsvereinbarung, die uns allen ermöglicht, von zu Hause zu arbeiten«, oder was immer Sie tun.

Sie erkennen an diesen Beispielen schon: Es gibt Abteilungen, die können das einfach richtig gut. Dazu gehören meistens Marketing und Vertrieb, weil die das auch im Job ständig machen und in ihrer sozialen DNA angekommen ist oder diese DNA sie in diese Jobs getrieben hat. Für alle, die in Abteilungen arbeiten, wie beispielsweise Stabsabteilungen oder technische Abteilungen, die am Forschen sind, ist es eher schwierig, sich selbst zu vermarkten. Die erste Aufgabe ist es also, sich eine Geschichte ausdenken, die man immer erzählen kann, wenn man gefragt wird. Und damit eben nicht erst anfangen muss, nachzudenken, wenn es so weit ist.

2. Strategie: Präsenz und Fokus

Zeigen Sie Präsenz und seien Sie fokussiert. Insbesondere in Online-Meetings zeigt sich, wer wirklich fokussiert ist, wer präsent ist, wer gut ausgeleuchtet ist, wer sich meldet, wer Beiträge, eine Meinung und eine Haltung hat. Alles das fällt auf und ist auf jeden Fall ein Punkt fürs Selbstmarketing.

Die Präsenz können Sie auch optisch unterstreichen, indem Sie sich selbst zu einer Marke machen und zum Beispiel die Frau mit dem auffälligen Schmuck sind oder der Mann mit den bunten Socken. Wie unterstreichen Sie Ihre Präsenz? Sind Sie der, der immer mit dem dicken Aktenkoffer kommt, oder die, die immer im Stechschritt über die Flure geht und von ihrem Stab begleitet wird? Denken Sie mal an die klassische Chefarztvisite. Das ist Inszenierung pur. Und niemand von uns würde daran zweifeln, wer der Chefarzt oder die (immer noch sehr seltene) Chefärztin ist. Bringen Sie sich mehr in den Fokus. Sie sind wichtig, egal was Sie machen. Und diese Wichtigkeit gilt es zu inszenieren, weil von allein keiner darauf kommt, dass Sie vielleicht der wichtigste Mann und die wichtigste Frau im Unternehmen sind, die da in der alten Cordhose und dem aufgebrauchten Pulli der 1980er Jahre über die Gänge schlurft. Auch diese Konstellation gibt es natürlich, pures Understatement als Markenzeichen. Ich habe lange Jahre für einen Unternehmer gearbeitet, Dr. Tyll Necker, der damals zeitgleich als BDI-Präsident tätig war. Er trug seine Strickwesten aus den 1960ern auf. Das war gute Qualität, und die trug man, bis sie auseinanderfielen, und das dauerte. Diese Bescheidenheit, dieses Understatement war aber auch Teil seiner Marke. Trotzdem wusste jeder: Der ist wichtig im Unternehmen. Und es sprach sich herum, niemand hätte ihn unterschätzt aufgrund seines Äußeren. Aber die Welt ist heute eher so, dass wir deutlich machen müssen, dass wir wichtig sind, und es sich nicht von allein ergibt – es sei denn, Ihnen gehört der »Laden«.

3. Strategie: Eine positive Haltung zu Themen

Man umgibt sich lieber mit Menschen, die eine positive Haltung zu Themen haben, die also lösungsorientiert, kreativ und konstruktiv sind, statt ständig »Ja, aber« zu sagen, immer ganz kritisch den Finger in die Wunde zu legen und das Glas als halb leer zu sehen. Das mag zwar inhaltlich oft richtig sein, macht aber leider in Sachen Selbstmarketing keine richtig gute Figur. Sehr viele schreckt es ab oder es nervt sie einfach, weil es anstrengend ist und sie es deshalb nicht hören wollen. Insofern unterstützt eine positive Haltung Ihr Selbstmarketing – mit der können Sie ja auch alles verpacken, nur eben anders. Liefern Sie lieber Lösungsideen, Umleitungsgedanken, alternative Szenarien, und machen Sie nicht die Ideen Ihrer Vorgesetzten oder Kollegen platt. Falls dies doch mal erforderlich ist, seien Sie behutsam.

4. Strategie: Werbung für die eigene Abteilung

Es ist hilfreich, seine eigene Abteilung zu promoten und gute Leute weiterzuentwickeln, gute Mitarbeitende oder zukünftige Führungskräfte hervorzubringen, sodass mit Ihnen der Gedanke verbunden wird: »Wow, da sitzt echt eine super Truppe. Die Chefin hat ihre Leute so entwickelt, dass jeder von denen ihr theoretisch nachfolgen könnte. Ganz beeindruckend, oder?« oder »Aus der Abteilung XY kommen immer die Nachwuchstalente für den Vertrieb, da wird richtig auf Förderung gesetzt.« Oder Sie stellen eben immer wieder dar, was die eigene Abteilung Tolles für das Gesamtunternehmen leistet und dass das Unternehmen ohne Ihre Abteilung überhaupt gar nicht denkbar wäre. Verknüpfen Sie Ihre Abteilungsgeschichten immer mit dem großen Ganzen, zeigen Sie auf, was Ihre Beiträge mit dem Gesamterfolg zu tun haben, wo und wie Sie anderen geholfen haben, ihre Ziele zu erreichen.

5. Strategie: Meetings als Bühne nutzen

Hier findet sich das Thema Präsenz noch einmal in einer anderen Facette. Seien Sie sich bewusst, dass ein Meeting immer auch ein Schaulaufen ist. Und ja, da fallen einem auch sehr schnell die Negativbeispiele ein – Kollegen, die eben nur Show machen, aber leider keine Inhalte bieten. Ich erinnere mich beispielsweise an einen Kollegen, der immer im Pilotenkoffer, der damals noch schick war, einen Riesenstapel Unterlagen mitbrachte, die er neben sich auf den Tisch packte, und in *jedem* Meeting ließ er sich

> Seien Sie sich bewusst, dass ein Meeting immer auch ein Schaulaufen ist.

etwa sieben Minuten nach Beginn noch ein dickes Mäppchen reinreichen, weil er so wichtig und so *busy* war. Es war die monatliche Konzernpersonalleiterrunde mit dem Vorstand. Das fällt eindeutig in die Kategorie »Kann man machen, muss man aber nicht«. Es war zu durchschaubar inszeniert, peinlich und ein Running Gag unter uns anderen Kollegen.

Wie nutzen Sie diese Bühne also konstruktiv? Durch gute Beiträge, gute Vorbereitung, interessante Ideen, Interesse an den Punkten, die andere vortragen, indem Sie sich selbst zeigen und aktiv einbringen? Bezogen auf Online-Meetings haben wir in Kapitel 20 schon Punkte gesammelt. Hier im Präsenzmeeting können Sie sich zum Beispiel so setzen, dass auch die Wichtigen Sie sehen. Verstecken Sie sich also nicht weiter hinten gemütlich mit sympathischen Kollegen, auch wenn der Unterhaltungswert dort wahrscheinlich höher ist.

Kommen Sie bereits mit wichtigen Leuten in dieses Meeting hinein, besprechen Sie vorher und hinterher noch kurz etwas vermeintlich Wichtiges mit Ihren Kollegen. Alles das wird inszeniert. Wir sind wirklich blauäugig, wenn wir denken, es sei Zufall, wer mit wem ins Meeting kommt. Ganz viele strategische Karriereplaner nutzen das zum Beispiel in der Form, dass sie sich bewusst vorher einen Cheftermin holen und dann mit dem Chef gemeinsam ins Meeting gehen. Die Fortgeschrittenenversion davon ist, es so einzurichten, dass Sie dann noch zusammen kurz vor der Tür lachen, sodass Sie gemeinsam mit dem Chef lachend ins Meeting kommen. Das ist dann die ganz hohe Kunst und ein wirkungsvolles Statement.

Diese Dinge wirken, weil automatisch alle anderen denken: »Ah, interessant, guck mal die beiden, die sind echt dicke. Dann hat also sein oder ihr Wort automatisch mehr Gewicht.« Wer sitzt neben wem? Wer macht sich wie breit, wer redet wie viel, wer redet wie laut? Wessen Beiträgen wird von den anderen beigepflichtet, wer wird häufiger zitiert? Und da geht bei ganz vielen noch etwas. Verabschieden Sie sich also von der Fantasie, das sei alles Zufall. Nutzen auch Sie Meetings als Bühne, sobald Sie beobachtet haben, dass auch bei Ihnen im Hintergrund diese Spielchen stattfinden.

6. Strategie: Beiträge veröffentlichen

Veröffentlichen Sie Beiträge im Intranet, in Mitarbeiterzeitschriften, Firmenzeitschriften oder ähnlichen Medien. Die meisten internen PR-Abteilungen sind dankbar für Geschichten und Material, denn sie müssen jede Woche, jeden Monat so ein »Heft« neu füllen. Wenn Sie diese Medien mal bewusst lesen, werden Sie feststellen, dass es immer wieder die gleichen Kollegen oder Abteilungen sind, die dort sehr präsent sind. Das könnten auch Sie und Ihr Team sein.

Die Themen zu finden, die wir in der Kantine erzählen, die Themen zu sammeln für Zeitschriften oder das Intranet, das geht wunderbar gemeinsam im Team. Sie sollten Ihrem Team klarmachen, dass, wenn jeder seinen Beitrag dafür leistet, alle gut dastehen, und dieses Gut-Dastehen zahlt sich dann indirekt wieder aus – über gut ausgestattete Budgets bis hin zur Frage, wo eigentlich zuerst Personal abgebaut wird. Meistens wird nicht bei denen gekürzt, die ein gutes Marketing betreiben, und auch nicht bei denen, die nah am Chef sind. Insofern sind diese Beiträge auch eine Gemeinschaftsarbeit, weil alle am Ende davon profitieren werden. Mit hoher Wahrscheinlichkeit haben Sie sogar Teammitglieder, die richtig Spaß an solcher Themenfindung und -gestaltung haben und sich freuen, aus dem vielleicht unverdienten Schatten ins Licht zu treten.

7. Strategie: Präsenz in Social Media und Internet

Ihr Social-Media- und Internetauftritt ist natürlich auch ein wirksamer Baustein zum Selbstmarketing. Selbst Kollegen innerhalb des Unternehmens werden Sie googeln oder bei LinkedIn schauen, wie Sie sich darstellen. Es wird verfolgt werden, wie Sie sich dort präsentieren, welche Artikel Sie liken und wem Sie folgen. Auch hier sollte das Bild Ihrem eingangs in diesem Kapitel definierten Zielbild entsprechen und Ihnen dienen. Da das Thema sehr komplex ist, gibt es dazu einen gesonderten Podcast von mir zum Anhören (*Leadership Coaching*, Folge 42, überall, wo es Podcasts gibt).

Eine weitere Facette, die das Selbstmarketing unterstützt, ist das sogenannte Stakeholder-Management. Das bedeutet so viel, wie die richtigen Leute zu kennen, Interessenvertreter zu pflegen und sich mit ihnen zu vernetzen. Auch dazu gibt es einen gesonderten Podcast von mir (*Leadership Coaching*, Folge 32, überall, wo es Podcasts gibt).

Kapitel 24

Sind Sie Sklave Ihres Kalenders? – sieben Strategien im Zeitmanagement, die Ihrer Karriere nützen

Sind Sie auch Sklave Ihres Kalenders und werden fremd verbucht? Dann schließt sich direkt schon die nächste Frage an: Können Sie sich eigentlich beamen? Nein. Hm, interessant. Denn wenn nicht, stellt sich die Frage: Wie schafft man es, Kalender im Outlook oder Lotus Notes zu haben, die von 10 bis 11 Uhr geblockt sind, von 11 bis 12 Uhr, und so weiter, ohne dass dazwischen Wegezeiten und Ähnliches hinterlegt sind?

In diesem Kapitel finden Sie sieben Strategien aus dem Zeitmanagement, die vor allen Dingen Ihrer Karriere und Ihrer Gesundheit nützen. Unter dem Gesichtspunkt wollen wir uns das Ganze mal anschauen, denn tatsächlich macht es etwas mit Ihrem Umfeld und es beeinflusst Ihr Image, wie Sie mit Zeitmanagement umgehen.

Wenn Sie Termine ohne Lücken aneinandergereiht haben, dann hat das zur Folge, dass Sie häufiger aus dem ersten Termin zu früh raus müssen. Mit entschuldigender Geste sagen Sie dann etwas wie: »Hey, sorry, aber ich muss los zum nächsten Termin.« Oder Sie kommen zum nächsten Termin zu spät, den Sie dann mit den Worten »Sorry, aber ich war gerade noch in einem anderen Meeting« einleiten müssen. Beides erzeugt kein positives Image. Man sieht dadurch leider weder wichtig aus, was man vielleicht sogar ist, noch so, als hätte man seinen Kalender im Griff. Daraus werden im Zweifel Rückschlüsse gezogen.

Ein weiterer Nachteil der Tatsache, dass Sie lückenlos Termine haben und dann virtuell hin und her huschen oder live über die Gänge flitzen, ist, dass Sie keine Zeit für vermeintlich entspanntes Networking haben. Die wichtigsten Weichen werden erfahrungsgemäß in

> Die wichtigsten Weichen werden erfahrungsgemäß in den fünf Minuten vor Meetingbeginn gestellt, und das Gleiche gilt auch nach einem Meeting, wo man noch mal kurz zusammensteht oder in der Leitung bleibt und sein Netzwerk fester knüpft.

den fünf Minuten vor Meetingbeginn gestellt, und das Gleiche gilt auch nach einem Meeting, wo man noch mal kurz zusammensteht oder in der Leitung bleibt und sein Netzwerk fester knüpft.

Zum Netzwerkknüpfen gibt es einen interessanten geschlechtsspezifischen Unterschied. Männer scheinen dabei deutlich entspannter zu sein, und sie wissen um die wichtigen Minuten, um Allianzen zu schmieden, mit den Richtigen gesehen zu werden, um Meinungen zu synchronisieren oder Mehrheiten zu organisieren. Wir Frauen, und dazu neigte ich als Topmanagerin auch immer, sind so durchgetaktet, dass wir gerade eben rechtzeitig zum Termin kommen und dann ganz *busy* wieder raushuschen. Und viele scheinen zu glauben, die Meinungen und Argumente würden doch im Meeting ausgetauscht, nicht vorher oder hinterher. Stürzen wir also *just in time* ins Meeting, gehen uns wichtige Minuten verloren. Sie verschenken damit die ganze Inszenierung vor einem Meeting: Wer kommt mit wem? Wer lacht mit wem? Wer steht neben wem? Wer sucht sich welchen Platz aus? Wenn Sie gehetzt gerade noch pünktlich kommen, dann sind diese wichtigen Spielchen schon vorbei. Und das Gleiche gilt hinterher: Mit wem haben Sie eh noch entweder ein Hühnchen zu rupfen oder auch nur etwas auszutauschen? Wen möchten Sie vielleicht auf Ihre Seite ziehen in einer anderen Sache? Von wem wollten Sie sowieso noch niedrigschwellig eine Information bekommen? Oder mit wem wollten Sie sich vielleicht zeigen, damit andere sehen, dass Sie mit dem gar kein Problem haben, entgegen dem Getuschel der Gerüchteküche. All diese Spielchen sind nicht zu unterschätzen und insofern nützen Sie sich nicht, wenn Sie von Termin zu Termin hetzen, was auch gegen das Durchgetaktetsein im Kalender spricht. In digitalen Zeiten gilt das Ganze genauso, wenngleich es auch nicht so schnell sichtbar ist.

Spätestens wenn der Blick auf den Kalender in der Tagesmitte Ihnen zeigt, dass es keine Mittagspause gibt, gilt genau das Gleiche: Dass es keine Mittagspause gibt und Sie durcharbeiten, ist nicht wirklich cool. Durchzuarbeiten heißt, Sie versetzen sich in einen Dauerstress, der nicht gesund ist. Nachmittags sind Sie unkonzentriert, denn eigentlich haben Sie Hunger. Den ignorieren Sie oder übertünchen ihn kurz mit Süßigkeiten, und dann beim nächsten Hungeranfall greifen Sie noch mal in die Süßigkeitenschublade. Alles das ist nicht förderlich für Ihre Konzentration und Ihre Fitness, sondern sorgt dafür, dass Sie schneller erschöpft sind. Eine Karriere ist aber heutzutage ein Marathon und kein Sprint. Planen Sie also bitte eine Mittagspause ein. Diesen Punkt können Sie im Kapitel 6 vertiefen.

> „Eine Karriere ist heutzutage ein Marathon und kein Sprint.

Es gibt noch etwas, was dagegenspricht, sich lückenlos auszubuchen: Wann haben Sie Zeit für Ihre eigene Arbeit? Die erledigen Sie dann abends, wenn langsam Ruhe auf den Fluren einkehrt und niemand mehr etwas von Ihnen möchte, oder nebenbei und irgendwie zwischen Tür und Angel. Ihre Arbeit wird dann entsprechend fehlerbehaftet sein oder ist mit einer erheblichen Kraftanstrengung verbunden, um noch mal das Beste aus sich rauszuholen. Oder Sie nehmen sie in Ihre eigentliche Freizeit mit und erledigen sie abends zu Hause, am Wochenende oder im Urlaub. Klassische Managementaufgaben, die in ausgefüllten Wochentagen keinen Platz mehr finden, sind: Strategiepapiere erstellen, Vorbereitung von Verhandlungen, Budgetplanungen, Vorbereitung vom komplizierten Mitarbeitergespräch, Coachen Ihrer Führungskräfte, Erstellen von Strategien für das Stakeholdermanagement, Entwickeln von Zukunftsideen und Arbeiten an der eigenen Entwicklung – also all das, was Zeit braucht. Diese Zeit sollten Sie sich bitte nehmen und einplanen.

Damit kommen wir zu dem, was sich bewährt hat, ein paar komprimierte Klassiker des Zeitmanagements, die immer noch aktuell sind. Schauen Sie einfach, ob etwas für Sie dabei ist. Sieben Punkte habe ich für Sie zusammengestellt.

Punkt 1: Nur 60 Prozent des Tages verplanen

Die Strategie Nummer 1 ist eine nach wie vor gültige Regel aus dem Zeitmanagement. Sie ist beinhart, und ich sehe Sie schon die Augen verdrehen. Sie lautet: Verplanen Sie nicht mehr als 60 Prozent des Tages.

Schauen Sie jetzt mal kurz in Ihren Kalender – das reicht auch gedanklich. Das bedeutet, Sie hätten 40 Prozent freie Fläche. Ich wette mal, das kriegen die wenigsten von Ihnen hin. Wenn ja, super. Wenn nicht, ändern Sie das mittelfristig. 60 Prozent des Tages zu verplanen, heißt: Der Rest ist für alles da, was ja trotzdem passiert. Nämlich Menschen, die etwas von Ihnen wollen, Anrufe und Meetings, die dazwischengeschoben werden. Ein kurzer Anruf vom Chef, ob Sie »mal kurz« vorbeikommen könnten, und eine Stunde später sind Sie wieder da. Mitarbeiter, die mal eben kurz … und vielleicht eine Projektsitzung, zu der Sie spontan hinzugerufen werden, weil hier gerade an einem ganz wichtigen Punkt Ihre Entscheidung gebraucht wird. Alles das passiert unvorhergesehen und wenn Sie einen lückenlosen Kalender haben, haben Sie keinen Platz dafür oder müssten extrem viel verschieben, um eine Lücke möglich zu machen. In die 40 Prozent können Sie dann auch einen Teil Ihrer ureigenen Managementarbeit hineinlegen.

Punkt 2: Im Stehen telefonieren

Den zweiten Punkt kriegen Sie ganz leicht umgesetzt, der tut nicht weh. Er lautet: Telefonieren Sie im Stehen. Es ist eine alte Vertrieblerregel, die sich tatsächlich bewährt hat, nämlich aus folgender Logik heraus. Im Stehen zu telefonieren, bedeutet, mit einer anderen Körperspannung, mit einer anderen Haltung zu sprechen. Diese Haltung ist so ungemütlich, dass es einerseits schneller geht, und andererseits macht es Sie im Stehen so präsent, dass das Gespräch zackiger und zügiger geführt wird. Denken Sie hingegen mal ein Gespräch, sagen wir mit einem oder einer Verwandten, die gerne viel und lange redet. Sie lümmeln im Sessel und sind bereits nach unten gerutscht. Sie haben sich sozusagen in das Gespräch ergeben. In dem Moment, wo Sie sich dem hingeben und immer weiter runterrutschen, weiß Ihr Körper: »Wir haben gerade kapituliert und das Ganze dauert länger.« Sie sind dann für den anderen – zwar nicht bewusst, aber offensichtlich unbewusst – hörbar in einer Opferhaltung. Und es dauert und dauert und dauert. In dem Moment, wo Sie sich erheben und sagen: »Okay, Tante Emma, dann haben wir ja erst mal alles wieder ausgetauscht. Freu mich«, sind Sie auch dabei, das zu beenden, und es spart Zeit. Das soll natürlich vorwiegend die Strategie fürs Berufliche sein.

Punkt 3: Nur eines zu einer Zeit tun

Es gibt verschiedene Gründe, die dafürsprechen, nur eine Sache zu einer Zeit zu tun. Einen fand ich besonders interessant. Es gab in der Wochenzeitung *Die Zeit* mal einen Artikel über die Frage, warum die Zeit so schnell vergeht oder wir das Gefühl haben, dass es so sei. Und eine der Antworten war: weil wir so vieles gleichzeitig tun. In dem Moment, wo wir in dem einen, was wir tun, ganz aufgehen und ganz bei der Sache sind, vergeht die Zeit langsamer und wir haben das Gefühl, etwas erlebt zu haben. Das schaffen Kinder ganz toll. Doch im Laufe unseres Erwachsenwerdens verlieren wir das mehr und mehr. Achten Sie also mal darauf, wann Sie wirklich nur eins zurzeit tun. Und dazu zählt schon so etwas wie: Wenn Sie telefonieren, spielen Sie nicht parallel mit etwas herum, beantworten keine E-Mails, lesen nicht kurz mal etwas auf dem Bildschirm, zupfen nicht nebenbei Verblühtes von Blumen, betätigen nicht auf der linken Autobahnspur die Lichthupe oder was auch immer Sie tun könnten, während Sie telefonieren. Da sind Headsets übrigens ganz gefährlich, weil man beide Hände frei hat. Also überprüfen Sie sich einmal, wann Sie wirklich nur telefonieren und nur eins zu dieser Zeit tun. Das tut grundsätzlich gut, auch aus Gründen der Entspannung und Fokussierung bis hin zur Achtsamkeit. All diese Themenfelder bedingen: Wir sind ganz bei dem *einen*, was wir gerade tun.

Punkt 4: Arbeitspäckchen bündeln

Die nächste Zeitmanagement-Strategie lautet: Bündeln Sie Arbeitspäckchen. Damit meine ich, dass Sie zum Beispiel, wenn Sie etwas zu diktieren haben, einen ganzen Haufen wegdiktieren, oder einen ganzen »Haufen« E-Mails bearbeiten oder eine ganze Liste Anrufer zurückrufen. Warum das so hilfreich für Zeitmanagement ist, können wir aus der Industrie lernen. Wir sparen Zeit, nämlich sogenannte Rüstzeit. Das ist die Zeit, die wir immer brauchen, um von einer Aufgabe auf die andere umzuschwenken, so wie in der Fertigung. Sie können sich vorstellen, wenn ich meine ganzen Gerätschaften von der Fertigung eines Werkstücks auf eine andere Form umstelle, dann bastle ich erstmal an allen Geräten, bis ich dann wieder Kreise schneiden kann. Wenn ich dann einen Kreis, ein Dreieck, ein Rechteck schneide, dauert es länger, als wenn ich 100 Kreise stanze. Das ist der Trick dahinter.

Sie sparen Zeit, und die Zeitmenge, die wir auf diesem Weg sparen, ist gewaltig. Man hat das mal für die Thematik untersucht, ständig während der eigentlichen Aufgaben seinen Posteingang zu checken oder gestört zu werden. Wir brauchen im Schnitt über den Tag addiert etwa zwei Stunden allein dafür, um wieder in das reinzukommen, was wir eigentlich machen wollten oder gerade getan haben. Deswegen trägt die Bündelung wirklich in hohem Maße dazu bei, dass Sie effizient sind und richtig schön was wegschaffen. Da E-Mails und andere Nachrichten so verführerisch sind, lohnt es sich übrigens, für konzentrierte Arbeitspakete den Flugmodus ein- und das Outlook am Festrechner auszuschalten, sodass kein Signal Sie in Versuchung führen kann.

Punkt 5: Grenzen setzen

Diese Strategie hat etwas mit Psychologie zu tun. Hier geht es darum, dass Zeitmanagement auch davon profitiert, Grenzen gegenüber anderen Menschen setzen zu können. Das beginnt bei dem Klassiker, dass wir als Führungskräfte manchmal das Abteilungs-Google sind und Mitarbeitende dauernd zu uns kommen und sagen: »Wie war das noch mal? Sagen Sie mal, Chefin, kann ich Ihnen mal eben kurz …? Sie waren doch damals dabei, als … und ich habe noch mal eben eine Frage.« Diese »mal eben«-Fragen summieren sich über den Tag und sie dauern erfahrungsgemäß nie so kurz, wie sie uns angekündigt werden. »Haben Sie mal eine Minute?« Das ist ja nie unter zehn Minuten vorbei.

Deswegen lohnt es sich, Grenzen zu setzen, indem Sie zum Beispiel Ihren Mitarbeitenden in einem Team-Meeting einfach mal erzählen: »Wir sparen uns alle gegenseitig Zeit, wenn wir uns, bevor wir jemanden anderen fragen, selber fragen. Dreimal hintereinander überprüfen wir: Erstens, kann ich das selber wissen? Und meistens lautet die Antwort ja, wenn wir nachdenken und uns ein bisschen anstrengen, wissen wir manches selber. Zweite Frage: Kann ich das irgendwo nachlesen? Also gibt es vielleicht Beispiele oder vorherige Projekte, die ähnlich liefen? Oder gibt es dazu eine Anleitung im Intranet? Oder gibt es dazu ein Handbuch oder, oder, oder? Drittens: Kann ich jemand anderen fragen als die Person, die ich jetzt gerade fragen will und die aber beschäftigt ist? Und wenn das alles nicht der Fall ist: Kann ich die Frage ein wenig vertagen? Hat es noch so viel Zeit bis zu unserem nächsten Jour fixe?«

> » Denn ganz vieles von dem, was mal eben schnell kurz geklärt wird, mag dem Mitarbeiter nützen, weil er dann gleich mit seiner Arbeit weitermachen kann. Aber ganz häufig käme er anders auch zur Antwort.

Dabei ist tatsächlich Ihre *Haltung* gefragt. Denn ganz vieles von dem, was mal eben schnell kurz geklärt wird, mag dem Mitarbeiter nützen, weil er dann gleich mit seiner Arbeit weitermachen kann. Aber ganz häufig käme er anders auch zur Antwort. Und meistens hat es Zeit bis zum Jour fixe, der vielleicht eh übermorgen wieder stattfindet.

Diese Selbstdisziplinierung aller würde helfen, und zwar nicht nur Ihnen und Ihrer Entlastung, sondern allen im Team. Das Thema »Störung« wird in Belastungsuntersuchungen immer wieder als einer der größten Stressoren benannt. Und wir alle würden deutlich weniger gestresst sein, wenn jeder zuerst mal nachdenken würde: »Muss ich den jetzt rausholen aus seiner Arbeit oder hat das noch Zeit? Oder kann ich es anders rausfinden?« Das wäre fürs ganze Team eine Wohltat.

Punkt 6: Klare Regeln für den Kalender

Hierunter fassen wir klare Regeln für Ihren Kalender und denjenigen oder diejenige, die den Kalender managen. Wenn Sie das selbst sind, dann fassen Sie sich jetzt schnell an die eigene Nase. Wenn Sie noch das Glück oder schon das Glück haben, eine Assistenz zu haben, die Ihren Kalender managt und Termine verlegt oder annimmt oder überhaupt ausmacht und Sie ihr auch die Vollmacht dafür geben, dann wäre das Ihre Zielperson. Nur mit Bevollmächtigung nützt es Ihnen übrigens.

Dann stellen Sie klare Regeln mit dieser Person gemeinsam auf. Zum Beispiel, dass es private Termine gibt, die Sie sich wirklich eintragen und die fest reserviert sind. Und wenn da steht »um fünf los«, weil Sie einen Tangokurs gebucht haben, dann ist das genauso heilig, wie zu Frau Direktor Müller gerufen zu werden.

Zweite Regel: In diesem Kalender sollten Pausen hinterlegt sein. Wenn Sie ein Meeting haben, das von 11 bis 14 Uhr dauert, dann wäre es gut, um 14 irgendetwas zu essen vorzufinden oder bereit zu haben, oder dafür zu sorgen, dass in diesem Meeting zwischen 11 und 14 Uhr irgendwas Essbares außer Konferenzkeksen und Süßigkeiten gereicht wird, damit Sie immerhin schon mal etwas gegessen haben. Eine Pause wäre dann danach deutlich sinnvoller. Denn nach einem dreistündigen Meeting hat man meist Informationen weiterzugeben, etwas zu veranlassen, E-Mails zu schreiben und die erste Rückrufliste hat sich aufgestaut.

Wichtige Regel auch für den Kalender sind kurze Zeiten zwischen den Terminen, also dass Sie möglichst am Vormittag die Chance haben, sich mal »die Hände zu waschen«, etwas wegzudiktieren oder jemandem eine Info ganz frisch zuzurufen, bevor Sie zum nächsten Meeting gehen. Idealerweise liegt dazwischen eine halbe Stunde, sodass Sie nacharbeiten können, dass Sie noch ein bisschen networken können, dass Sie dann die Information weitergeben und sich sogar auf das nächste Meeting vorbereiten können – was für ein Luxus. Einmal Händewaschen, ein Glas Wasser trinken und weiter geht's. Okay, ich sehe schon Ihr Gesicht: »Eine halbe Stunde zwischen den Meetings!« Ja, man kann ja noch träumen. Eine Viertelstunde wäre auch schon etwas.

Die allerwichtigste Regel für das Kalendermanagement ist: keine Doppelbuchungen. Das höre ich von Klientinnen und Klienten immer wieder, dass ihre Büros sie doppelt verbuchen. Wo ich mich auch frage: »Wie geht das mit der Zellteilung? Ist ja cool, würde ich auch gern können, funktioniert aber nicht.« Doppelbuchungen führen lediglich dazu, dass man zwei halbe Meetings wahrnimmt und zweimal Teilnehmergruppen frustriert hat. Und das wiederum geht zulasten Ihres Rufes. Tun Sie sich das nicht an. Es muss eine Rangfolge geben, ansonsten muss eines der Meetings verschoben werden, wenn Sie da unabdingbar sind. Es wird eine Lösung geben, aber die Doppelbuchung ist keine Lösung.

> Doppelbuchungen führen lediglich dazu, dass man zwei halbe Meetings wahrnimmt und zweimal Teilnehmergruppen frustriert hat. Und das wiederum geht zulasten Ihres Rufes.

Die letzte Regel für das Kalendermanagement lautet: Raum für Unvorhergesehenes lassen. Also wenn Sie vielleicht wirklich mal unter dem Gesichtspunkt 60 Prozent verplanter Zeit Ihren Kalender aufräumen, dann schauen Sie sich mal an, was Sie alles verschieben und wegbuchen müssten.

Punkt 7: Manches muss eben warten

Und damit kommen wir schon zum siebten und letzten Punkt, nämlich der Konsequenz daraus, wenn Sie Nummer 1 bis 6 befolgen. Die Konsequenz wäre, dass dann manches oder mancher länger auf Sie warten muss. Oder Sie delegieren Termine auf jemand anderen, der vielleicht sogar Spaß hätte, in ein Meeting zu gehen. Das wiederum bedeutet, dass Ihre Unternehmenskultur auch so aufgestellt sein muss, dass man Stellvertreter oder Experten aus dem Team in einer Runde akzeptiert und nicht immer Sie als Chefin oder Chef erscheinen müssen. Da gibt es die unterschiedlichsten Kulturen. Also wenn es nicht zu delegieren geht, ja, dann muss manches und mancher länger auf Sie warten. Trösten Sie sich und andere mit der Erklärung: »Die guten Orthopäden haben auch erst in einigen Wochen einen Termin frei.« Oder mit der alten Weisheit: »Willst du was gelten? Mach dich selten.«

Es ist interessant zu beobachten: Die vermeintlich wichtigen oder wirklich wichtigen Menschen – das ist ja nicht immer die gleiche Schnittmenge von Personen – sind meistens nicht im Stress. Sie hetzen meistens nicht von Termin zu Termin, sondern sie bestimmen den Rhythmus, in dem gearbeitet wird, und sorgen dafür, dass sie für alles richtig Wichtige immer Zeit haben.

Auf der anderen Seite derselben Medaille steht leider, dass die Fleißbienchen, die rund um die Uhr ackern, artig von Termin zu Termin eilen und richtig was wegschaffen, häufig nicht diejenigen sind, die Karriere machen. So schön das auch wäre, denn meistens sind es die Fleißigen, die wirklich im Sinne des Unternehmens richtig etwas bewegen. Es sieht aber meistens keiner, weil sie meistens auch den Nachteil haben, im Selbstmarketing nicht so stark aufgestellt zu sein. (Dazu finden Sie Erfolgsstrategien im vorigen Kapitel.) Also schauen Sie mal auf diejenigen, die tatsächlich immer Zeit haben und ganz entspannt wirken. Meistens sind die auch nicht entspannt, aber sie kriegen es irgendwie hin, diese Lücken zu planen. Und ja, dann dauert es etwas länger, bis man einen Termin bei ihnen bekommt, oder man nimmt mit Ihrer Stellvertretung oder einem Experten aus dem Team vorlieb. Warum es dem einen leichtfällt, nicht immer verfügbar zu sein, und dem anderen eher schwer, dazu finden Sie etwas im Kapitel 1 über die sogenannten inneren Antreiber. Probieren Sie einmal für sich aus, Ihren Kalender so umzugestalten, dass Sie die Herrschaft über Ihre Zeit und Ihr Leben zurückerlangen und damit eine Menge mehr Lebensqualität.

Schlusswort

Als Autorin liest man das fertige Buch am Ende noch ein- bis zweimal komplett zur letzten Korrektur durch. Vielleicht geht es Ihnen auch so, dass Sie es ganz gelesen haben und zum gleichen Schluss kommen wie ich: Führung ist eine wirklich komplexe Aufgabe, und es gibt so vieles zu berücksichtigen, so viele Anforderungen, so viele To-dos und so viele Ansprüche an uns als Führungskraft. Und es schwingt Anstrengung mit, wenn man sich vorstellt, dass man alles, was hier im Buch steht – und noch viel mehr –, berücksichtigen und womöglich umsetzen soll.

Hier kommt aber die gute Nachricht: Führung ist eine wunderbare Aufgabe mit Gänsehauteffekt. Ich habe es in meinen 17 Jahren als angestellte Managerin und immer wieder als Interimsmanagerin in den vergangenen 20 Jahren erlebt, wie fruchtbar und zeitweise beglückend Führung sein kann – und in den anderen Momenten hat mir mein Humor geholfen. Gemeinsam Erfolge gestalten, Probleme lösen, für andere da sein, die Richtung vorgeben, den Rahmen setzen: Sie können den Unterschied machen – für andere Menschen, die Ihnen anvertraut sind. Sie können das halbvolle Glas betonen, Energie spenden, Leitplanken in unsicheren Zeiten setzen, der Leuchtturm in stürmischer See sein, und man vertraut sich Ihnen an. Menschen geben uns als Mitarbeitende ihr Vertrauen, ihre wirtschaftliche Existenz und Zukunftsplanung zum großen Teil in unsere Hände zu legen. Was für ein kostbarer Schatz, den wir da tragen.

Machen Sie sich bitte nicht verrückt, insbesondere, wenn Sie jung in der Führungsrolle sind. Allein die Tatsache, dass Sie dieses Buch gekauft haben, zeigt, dass Sie es richtig machen wollen und an sich arbeiten. Wie cool ist das denn! Damit haben Sie die beste Voraussetzung, selbstreflexiv durchs Leben zu gehen, sich nicht für perfekt und unfehlbar zu halten, sondern für einen Menschen, der sich lebenslang weiterentwickelt. Führungskräfte, die es gut machen wollen, sind für Mitarbeitende schon die halbe Miete. Fehler passieren, aber wenn die Grundstimmung und das Vertrauen zwischen Ihnen passen, wird so vieles verziehen, was schieflaufen kann – solange Sie Ihr Vertrauenskonto wieder auffüllen.

Wenn Sie die einzelnen Werkzeuge gelesen haben und umsetzen wollen, dann am besten eins nach dem anderen. Nichts muss sofort klappen. Wir leben unsere Führungssituationen live, dadurch besteht jederzeit die Möglichkeit, in der Situation selbst noch mal zu korrigieren, von vorn zu beginnen, zu unterbrechen, zu vertagen und dann mit Vorbereitung noch mal neu zu starten. Kein Problem. Erklären Sie Ihrem Gegenüber, dass Sie sich gerade neu sortieren müssen, oder schauen Sie auf Ihre vorbereiteten Notizen. Niemand kann diese komplexen Themen von Beginn an eins zu eins umsetzen. Die Übung macht auch hier den Meister und die Erfahrung macht alles über die Jahre leichter. Wobei es immer wieder Situationen gibt, die einen durchschütteln, weil man sie *so* auch noch nicht gesehen hat. Das ist das Leben.

Verabschieden Sie sich also von Ihrem eventuell vorhandenen Perfektionsanspruch, denn Führung ist ein Marathon, kein Sprint. Sie haben noch Jahrzehnte des Arbeitslebens vor sich, unterstelle ich einfach mal. Sorgen Sie für sich, damit die Energie für die Langstrecke reicht, und sorgen Sie auch deshalb für sich, weil es niemand anders tun wird. Es scheint ein Naturgesetz zu geben, dass man sich um Führungskräfte nicht mehr kümmern muss, offenbar ist Selbstfürsorge im Gehalt mit inbegriffen.

Genießen Sie also auch Ihre Erfolge, die Resonanz Ihrer Mitarbeitenden, gut gelaufene Meetings, das Vertrauen, das man Ihnen in einer speziellen Situation geschenkt hat, den Schubs, den Sie jemandem zu mehr Selbstvertrauen gaben, ein pünktlich beendetes Meeting, in dem endlich mal … alles, was Ihnen an guten Dingen in der Führungsrolle begegnet, feiern Sie das – und wenn es nur still für sich ist. Und feiern Sie sich: für Ihre Energie, die Sie einsetzen, für Ihr Wissen, das Sie ständig ausbauen, für Ihre Bereitschaft, sich um andere Menschen zu kümmern, für die Verantwortung, die Sie übernehmen, und für die Fähigkeit, sich um sich selbst zu kümmern, damit noch Kraft zum Leben bleibt.

Von Herzen wünsche ich Ihnen ein kraftvolles Leben voller Freude am Führen und danke Ihnen für Ihr Vertrauen in mich als »Coach to go«.

Dank

Ich danke wieder einmal von Herzen allen, die an der Entstehung dieses Buches beteiligt waren. Allen Klientinnen und Klienten, die mir Einblick in ihre Fragen und Herausforderungen geben, aus denen dann ein Buch entstehen kann. Der Verlagsleiterin Frau Dr. Judith Wilke-Primavesi, die von der Buchidee schnell begeistert war und alles in die Wege geleitet hat. Meiner Agentin Aenne Glienke, die sofort und spontan wieder Lust auf eine erneute Zusammenarbeit nach so langer Pause hatte, denn eigentlich wollte ich ja kein Buch mehr schreiben … Ich danke meiner Lektorin Danja Hetjens, die wieder mit viel Feingefühl am Text geschliffen hat und mir eine tolle Dialogpartnerin war. Den Vertriebsmitarbeitenden im Campus Verlag, die jetzt mit diesem Buch in den Markt gehen und Buchhändlerinnen überzeugen, es stapelweise einzukaufen, und natürlich Ihnen, den Leserinnen und Lesern für Ihr Vertrauen.

Es ist immer wieder beglückend für mich, aus Buchstaben etwas Sinnvolles und Nützliches zu gestalten. Danke!

Die Autorin

Maren Lehky studierte Soziologie in Hamburg und war dann siebzehn Jahre erfolgreich im Management tätig, zuletzt als Geschäftsleitungsmitglied eines Unternehmens mit 4 000 Mitarbeitenden, bevor sie sich selbstständig machte. Menschen zu verstehen, zu führen, im Team zusammen zum Erfolg zu bringen, das ist eine Leidenschaft, die sich als roter Faden durch ihren Lebenslauf zieht.

Neben Liebe und Gesundheit steht das Thema Arbeit für Maren Lehky auf der Liste der Lebensthemen ganz oben. Seit 2002 ist die Hamburgerin im eigenen Unternehmen Lehky Consulting tätig und berät, coacht und trainiert Führungskräfte fast aller Branchen und Unternehmensgrößen zu Führungs- und Kommunikationsthemen. Pragmatismus und Lösungsorientierung sowie Humor sind das Fundament ihrer Arbeit, und diese spiegeln sich auch in ihren Büchern sowie dem seit 2020 von ihr betriebenen Podcast *Leadership Coaching* wider.

Ihr gesamtes Werk dreht sich um Themen mitten aus dem Leben.